星空的智慧：
解密天文学

[俄] 雅科夫·伊西达洛维奇·别莱利曼　著

刘玉中　译

U0253654

中国青年出版社

图书在版编目（CIP）数据

星空的智慧：解密天文学 / (俄罗斯) 雅科夫·伊西达洛维奇·别莱利曼著；刘玉中译. -- 北京：中国青年出版社，2025. 1. -- ISBN 978-7-5153-7469-7

I. P1-49

中国国家版本馆 CIP 数据核字第 2024S0J927 号

责任编辑：彭岩
出版发行：中国青年出版社
社　　址：北京市东城区东四十二条 21 号
网　　址：www.cyp.com.cn
编辑中心：010 – 57350407
营销中心：010 – 57350370
经　　销：新华书店
印　　刷：三河市君旺印务有限公司
规　　格：660mm × 970mm　1/16
印　　张：13
字　　数：160 千字
版　　次：2025 年 1 月北京第 1 版
印　　次：2025 年 1 月河北第 1 次印刷
定　　价：58.00 元

如有印装质量问题，请凭购书发票与质检部联系调换
联系电话：010 – 57350337

作者简介

雅科夫·伊西达洛维奇·别莱利曼（Я. И. Перельман，1882～1942）是一个不能用"学者"本意来诠释的学者。别莱利曼既没有过科学发现，也没有什么称号，但是他把自己的一生都献给了科学；他从来不认为自己是一个作家，但是他的作品的印刷量足以让任何一个成功的作家艳羡不已。

别莱利曼诞生于俄国格罗德诺省别洛斯托克市。他17岁开始在报刊上发表作品，1909年毕业于圣彼得堡林学院，之后便全力从事教学与科学写作。1913～1916年完成《趣味物理学》，这为他后来创作的一系列趣味科学读物奠定了基础。1919～1923年，他创办了苏联第一份科普杂志《在大自然的工坊里》，并任主编。1925～1932年，他担任时代出版社理事，组织出版大量趣味科普图书。1935年，别莱利曼创办并运营列宁格勒（圣彼得堡）"趣味科学之家"博物馆，开展了广泛的少年科学活动。在苏联卫国战争期间，别莱利曼仍然坚持为苏联军人举办军事科普讲座，但这也是他几十年科普生涯的最后奉献。在德国法西斯侵略军围困列宁格勒期间，这位对世界科普事业做出非凡贡献的趣味科学大师不幸于1942年3月16日辞世。

别莱利曼一生写了105本书，大部分是趣味科学读物。他的作品中很多部已经再版几十次，被翻译成多国语言，至今依然在全球范围再版发行，深受全世界读者的喜爱。

　　凡是读过别莱利曼的趣味科学读物的人，无不为他作品的优美、流畅、充实和趣味化而倾倒。他将文学语言与科学语言完美结合，将生活实际与科学理论巧妙联系：把一个问题、一个原理叙述得简洁生动而又十分准确、妙趣横生——使人忘记了自己是在读书、学习，而倒像是在听什么新奇的故事。

　　1959 年苏联发射的无人月球探测器"月球 3 号"传回了人类历史上第一张月球背面照片，人们将照片中的一个月球环形山命名为"别莱利曼"环形山，以纪念这位卓越的科普大师。

目录

第一章　地球和它的运动

1.1 地球上和地图上的最短航线

女老师用粉笔在黑板上画了两个点，给学生出了一道这样的题目：

"在这两点之间画一条最短的路线。"

小学生想了想，小心地在这两点之间画了一条曲折线。

"这就是最短的路线!? "女老师惊讶道，"谁这样教你的？"

"我爸爸教的，他是出租车司机。"

这位天真的小学生所画的路线当然是可笑的。但是如果有人告诉你，第3页图1中虚线所表示的弧线恰好是从好望角到澳大利亚南端的最短距离，难道你还会发笑吗？下面的说法恐怕更叫人惊奇了：第4页图2中用半圆形线条表示的从日本横滨到巴拿马运河的路线，要比图中直线所表示的路线距离短！

所有这些例子都像是在开玩笑，然而事实上却都是些不容争辩的真理。地图绘制者们对这些道理十分清楚。

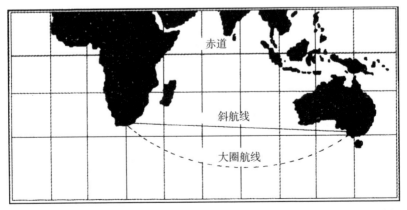

图1 在航海图上，从好望角到澳大利亚南端的最短航线不是直线（斜航线），而是曲线（大圈航线）。

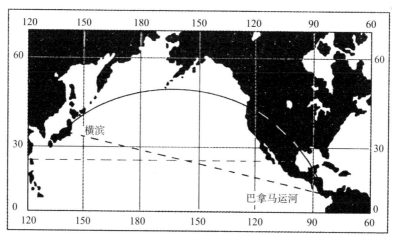

图2 让人难以置信的是，在航海图上连接横滨和巴拿马运河的曲线航线，竟然比这两点之间的直线航线短。

为了解释清楚这个问题，我们需要粗略地谈谈地图，尤其是航海图。要在纸上画出地球的表层部分，在原则上就不是一桩简单的事情，因为地球是球形的。而我们知道，球形表面的任何部分都不可能在展开成平面的时候不产生重叠或者破裂。因此，我们就不得不迁就地图上一些无法避免的歪曲。人们想出了很多种画地图的方法，但是所有的地图都不是完美无缺的：地图上总会有这样或者那样的缺点，完全没有缺陷的地图是根本不存在的。

航海家们所使用的地图，是根据16世纪荷兰地理学家和数学家墨卡托的方法绘制的。这种方法叫做"墨卡托投影法"。这种有方格的地图很容易就能看懂：它的经线都是用平行的直线表示，而纬线使用的是垂直于经线的直线来表示的（参见第8页图5）。

现在大家来想一想，怎么计算从某一个海港到同一纬度上的另一个海港的最短距离。海洋上所有的路线都可以通行，我们只需要知道最短航线的方向和位置，就可以沿着这条航线前进了。这种情况下，我们自然会想到，这条最短的航线应当位于两个海港所在的那条纬线上。因为从地图上来看，这条纬线是一条直线，又有什么会比直线还短呢？但我们却犯了一个错误：沿着纬线的航线并不是最短的。

事实上，球面上两点之间的最短距离是通过它们的大圆弧线[①]。但纬线圈却只是"小圆"。连接两点之间的大圆弧线的曲率要比小圆弧线的曲率小，因为圆的半径越大，曲率就越小。

如果我们在地球仪上通过这两点拉紧一条线（见第5页图3），就可以看到，这条线并不是沿着纬线延伸的。毫无疑问，这条拉紧的线表示的是最短航线，但是如果在地球仪上它不和纬线相重合的话，那么在航海图上最短航线就不能用直线来表示。因为航海图上的纬线圈是用直线表示的，任何一条跟直线不重合的线，就应当是曲线。

图3　用一种简单的方法就可以找出两点之间的最短距离：
在地球仪上的这两点之间拉紧一条线。

---

① 球面上的"大圆"是指圆心和球心重合的圆，球面上所有其他的圆叫做"小圆"。

由此就可以明白，为什么在航海图上的最短距离是用曲线而不是直线来表示的了。

据说，在修建从圣彼得堡到莫斯科的十月铁路（那时候称尼古拉铁路）的时候，就如何选择路线问题产生过无休止的争论。最后在尼古拉一世的干涉下才结束了争论：他决定使用"直线法"：用一条直线将圣彼得堡和莫斯科连接起来。如果在墨卡托地图上将这条直线画出来的话，结果将会出人意料地令人难堪：这条路线会是曲线而非直线。

谁如果不嫌麻烦，通过简单的计算就可以证实一点：地图上看起来的曲线航线，实际上比直线航线的距离要短。假设我们要讨论的两个港口和圣彼得堡位于同一个纬度上，也就是北纬60°，两个港口之间的距离是60°。（事实上是否存在着这样的两个港口，

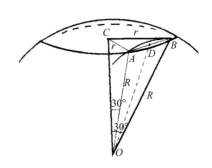

图4　地球上 A、B 两点间纬圈弧线和大圈弧线哪一条长？

对我们的计算不会产生影响。）在图4中，O点表示地球中心，AB代表港口A和港口B之间的纬线圈，AB弧长为60°。C点是纬线圈中心。假设我们以地球中心为圆心，经过A、B作一条大圆弧线，它的半径$OB=OA=R$；这条弧线会靠近纬线圈AB，但是不会和它重合。

现在我们来计算每一条弧线的长度。由于A、B两点的纬度是60°，因此半径OA和OB与地轴OC之间的角都是30°。在直角三角形ACO中，30°角所对的AC边（等于纬线圈半径）应该等于弦AO的一半，也就是$r=\dfrac{R}{2}$；弧线AB的长度为纬线圈（360°）的$\dfrac{1}{6}$，也就是60°。由于纬线圈半径是大圆半径的一半，纬线圈长度也应当是大圆长度的一半，因此纬线圈弧线$AB=\dfrac{1}{6}\times\dfrac{40000}{2}=3333$千米（大圆

长为 40000 千米）。

现在需要计算的是经过 A、B 两点的大圆弧线长度（也就是这两点之间的最短路线），必须要知道 AOB 角的大小。小圆上的弦 AB 对应的弧长为 60°，这条弦为这个小圆的内接正六边形的一边，因此 $AB = r = \dfrac{R}{2}$。通过地球中心 O 点，作一条连接弦 AB 中点 D 的直线 OD，我们得到一个直角三角形 ODA，D 角为直角。

$DA = \dfrac{1}{2} BA$，又 $OA = R$

因此，$\sin AOD = \dfrac{DA}{OA} = \dfrac{\dfrac{R}{4}}{R}$：$R = 0.25$。

查三角函数表可知，$\angle AOD = 14° \, 28'.5$，

因此 $\angle AOB = 28° \, 57'$。

现在就不难算出所求的最短路线是多少千米了。由于地球大圆一分的长度等于 1 海里，亦即大约 1.85 千米，所以可以简单得出 $28° \, 57' = 1737' \approx 3213$ 千米。

由此可知，航海图上沿着纬线圈用直线表示的路线长 3333 千米，而沿着大圆的路线（在航海图上是曲线）长 3213 千米，后者比前者少了 120 千米。

只需要用一根线和一个地球仪，大家就可以简单地检验上述各图中所画的线路是否正确，并可以证实，大圆弧线的位置是否确实跟图上所画的一致。在图 1 中所画的从非洲到澳大利亚的"直线"航海线为 6020 海里，而"曲线"航线为 5450 海里，后者比前者要短 570 海里，或者 1050 千米。在航海图上，从伦敦到上海的"直线"航空线是需要穿过里海的，而事实上最短的航空线应该经过圣彼得堡再往北。显然，这些问题对于节省时间和燃料起着十分重要的作用。

如果说在使用帆船航海的时代人们并不一定把时间看得很重要，因为

在那个时代"时间"还不是"金钱"的代名词，那么，自从出现了轮船之后，多使用一吨煤，就得多花一吨煤的钱。这就是为什么在我们的时代，轮船一定要沿着真正最短的航线前行，所使用的地图经常都不是墨卡托地图，而是一种叫做"心射投影"的地图：在这种地图上大圆弧线是用直线表示的。

那么为什么从前的航海家却要使用那些不正确的地图，并且选择不适当的航线呢？大家可能会认为，这是因为在古代人们还不知道我们所说的航海图的特点，但这种想法是错误的。问题的关键是，虽然使用墨卡托法绘制的地图有某些缺陷，但是对航海家们来说却有非常大的价值。首先，这种地图表示的地球表面的个别小区域并没有被歪曲，而是保持着本来的角度。不过这一点对于远离赤道的地方就不适用了，因为那些地方的地面轮廓比实际的要大。在高纬度地区，地面轮廓拉伸得相当大，如果一个不熟悉航海图特点的人看到这样的地图，就会对大陆的实际大小产生完全错误的印象。比如说，他会觉得格陵兰岛和非洲一样大，阿拉斯加比澳大利亚大，而实际上格陵兰岛只有非洲的 $\frac{1}{15}$，阿拉斯加加上格陵兰岛都才只有澳大利亚的一半大小。然而熟悉航海图这种特点的航海家就不会产生这样的迷惑。他们能够容忍航海图的这种特点，何况对于范围不大的区域，航海图上的形状跟实际情况也是极其相似的（见图5）。

所以，航海图可以大大简化实际航海问题的解决。这是唯一一种用直线来标示轮船定向航行的地图。"定向航行"指的是沿着一个不变的方向，保持一定的"方向角"。换句话说，"定向航行"就是指轮船前进的路线和所有经线相交的角度都是相等的。而这样的航线（也叫斜航线①）只有在所有的经线都是相互平行的直线的地图上才能用直线表示出来。由于地球上

① 实际上斜航线是一条螺旋线似的线，缠绕在地球上。

的经线圈和纬线圈相交的角度都呈直角，所以在这种航海地图上，纬线圈就应当是垂直于经线的直线。简单来说，我们所看到的就是经纬线绘成方

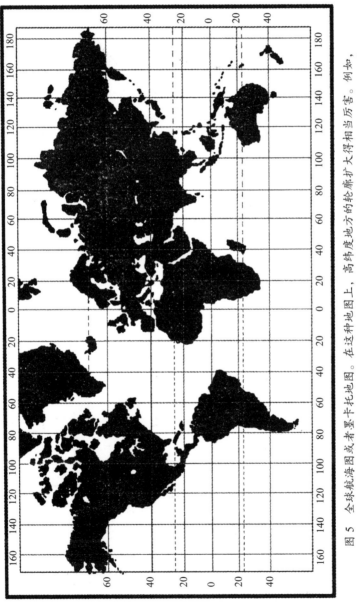

图 5 全球航海图或者墨卡托地图。在这种地图上，高纬度地方的轮廓扩大得相当厉害。例如，请问：是格陵兰岛大，还是非洲大？

格网的地图，这正是航海图的特点。

现在我们就明白了，为什么海航家们对墨卡托地图情有独钟。当领航员需要确定到指定的港口应采取的路线时，他就会拿一把尺子在出发的海港和指定到达的海港之间画一条直线，并且测量这条直线和经线相交形成的角度大小。在空旷的海洋上，领航员只要永远沿着这个方向前进，就能准确无误地将船只驶到目的地。大家可以看到，虽然"斜航线"并不是最短和最经济的航线，但在某种程度上，对航海家来说却是十分方便的航线。假如说，我们要从好望角到达澳大利亚南端（见第 3 页图 1），就需要一直沿着南 87.50° 东的方向航行。如果想要走最短的航线（大圈航线），从图 1 可以看出，必须不断改变航行方向：先取南 42.50° 东的方向，到达时为北 53.50° 东方向（此种情况下，最短航线实际上甚至不存在的，因为此时的航线要触及南极冰层了）。

这两种航线（斜航线和大圈航线）也会重合，这种情况发生在当大圈航线在航海图上刚好是用直线表示的时候，也就是沿着赤道或者经线的时候。在其他任何情况下，这两种航线都是不一样的。

1.2 经度和纬度

【题】读者们肯定对地理学上的经纬线有充分的认识。但我相信，不是所有人都能正确回答下面这个问题：

是不是一度纬度总比一度经度长？

【解】大多数人都相信，每一条纬线圈都比经线圈小。因为经度是按照纬线圈长度来计算的，而纬度是依据经线圈长度计算的，所以得出结论说，一度经度的长度无论如何都不会超过一度纬度的长度。但这种人却忘记了，地球不是一个标准的圆球，而是椭圆体，赤道上稍微突出。在这个椭圆体的地球上，不仅赤道比经线圈长，并且靠近赤道的纬线圈也比经线圈长。计算结果显示，从赤道一直到纬度5°，纬线圈上的一度（即经度）都要比经线圈上的一度（即纬度）长。

1.3 阿蒙森①是往哪个方向飞的？

【题】从北极返回的时候，阿蒙森是往哪个方向飞的？当他从南极返回的时候，又是往哪个方向飞的呢？

回答问题的时候，请不要翻阅这位伟大的旅行家的日记。

【解】北极是地球的最北端。因此从北极出发时不论往哪个方向出发，我们都是往南走。阿蒙森从北极返回的时候，只能往南、而不会往其他方向飞。下面是他在乘坐"挪威"号飞艇飞往北极时的日记片断：

"'挪威'号绕着北极飞了一圈，然后我们继续前行……从那时起，航行的方向一直向南，直到飞艇降落在罗马城。"

同样，从南极返回的时候，阿蒙森只能往北飞。

普鲁特果夫写过一篇滑稽的故事，讲述的是一个土耳其人落到"最东边的国家"里的情形。

"前面是东，左右两边也是东。那西方在哪里呢？你们也许会觉得，他无论如何也会看见某一点吧，就如同看见隐隐约约在远处摆动的某一点一样？……不是的！他后面也是东。一句话，四面八方都是东方。"

地球上并不存在这样一个国家，它的所有方向都是东。但是地球上确

① 罗阿尔德·阿蒙森（Roald Amandsen，1872～1928），挪威极地探险家。1926年5月11日，他与埃尔斯沃思乘坐"挪威"号飞艇，从孔格斯湾起飞，飞越北极点，历时72小时到达美国阿拉斯加的巴罗角。这是人类首次对北极点进行考察观测。

有这样的地方，它周围都是南方。同样，也有周围都是北的地方。如果在北极修建一座房屋，那么它的四面墙都会朝南。

1.4　五种计时法

我们已经习惯于使用各种钟表，甚至根本就没有想过它们所指的时间有什么意义。我相信，读者中只有少数人能够解释出，当有人说"现在是晚上七点钟"的时候，他到底想要表达的是什么意思。

难道这句话的意思就是说，钟表上的时针指着数字 7 吗？这个数字有什么意义呢？它表明，中午之后时间已经过去了一个昼夜的 $\frac{7}{24}$。那么这又指的是什么样的中午之后呢？又是什么样的一个昼夜的 $\frac{7}{24}$ 呢？一个昼夜是什么意思？有句俗语是这样说的："白天和黑夜——过去了一昼夜"，这里的一昼夜指的是地球绕它自己的轴心、并以太阳为参照自转一周的时间。实际上，这个时间是这样来测量的：以天空中位于观测者头顶上的一点（天顶）和地平线上正南的一点之间为一条线，观测太阳（确切地说，是太阳的中心）连续两次经过这条线的时间。这个时间间隔并不是固定不变的：太阳经过上述那条线的时间，有时候会早一些，有时候则晚一点。根据这个"真正的中午"来校正钟表是不可能的。即便是最巧妙的钟表匠师傅也不可能将钟表的时间校正得严格按照太阳的运行来显示。100 年前，巴黎的钟表匠们就在他们的招牌上写过这样的话："太阳指示的时间是骗人的。"

我们的钟表都不是按照真正太阳，而是根据某种想象的太阳来校准的。这个想象的太阳既不会发光，也不会发热，它是人们为了正确计时而想象出来的。假设自然界有这样一个天体，它一年四季总是匀速运行着，它绕地球一周的时间恰好是我们现在真实存在的太阳绕地球一周（当然，只是好像如此）所需要的时间。这个想象中的天体在天文学上称为"平均太阳"。它经过天顶和正南方连线的那个瞬间叫做"平均中午"；两个平均中午之间的时间间隔就是"平均太阳日"，这样计算出来的时间就叫做"平均太阳时间"。钟表正是依据这个平均太阳时间来报时的，而用指针影代替指针的日晷所显示的时间就是当地真正的太阳时间。

读者看了以上描述之后可能会产生这样一种印象，即以为地球围绕地轴旋转的速度是不均匀的，这样就会产生太阳日的不等。这种想法是不正确的，因为昼夜的不等是由地球的另外一种运动的不匀速性引起的——那就是地球绕太阳公转。我们接下来讨论这种现象对昼夜长短是如何产生影响的。在图6中，大家可以看到地球在公转轨道上的两个连续位置。现在我们来看左边的图。

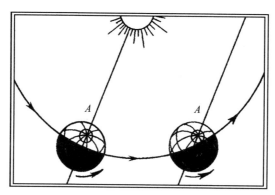

图6　为什么太阳日比恒星日长？

左图中后下方的箭头表示的是地球围绕地轴旋转的方向：如果从北极往下看，这个方向是逆时针的。现在A点是中午，此时A点正好正对着太阳。假设地球围绕地轴自转了一周，在这段时间里，它同时围绕太阳公转轨道向右转动到另一个位置了。通过A点的地球半径还是和前一天的方向一致，但A点此时并非正对着太阳。对于站在A点的人来讲，中午还没有到来：太阳还位于上述那条线的左侧。地球还需要再旋转几分钟，A点才会到中午。

这能说明一个什么问题呢？这说明，两个真正太阳中午之间的时间间隔，比地球围绕地轴旋转一周的时间要长。如果地球匀速围绕太阳公转，公转轨道是以太阳为圆心的一个圆，那么地球绕地轴自转一周需要的时间，和我们此处所说的以太阳为依据的时间之间的差距就应当每天都是一样的。这个时间差很容易就能计算出来，如果我们注意到，这些不太大的差额在一年之内加起来刚好是一昼夜（地球绕太阳公转一年需要的时间，比其围绕地轴自转一年的时间多出一天，这一天恰好是地球自转一圈的时间）；这就是说，地球自转一周所需的时间为：

$365\frac{1}{4}$ 昼夜 $\div366\frac{1}{4}$=23 小时 56 分 4 秒。

我们注意到，一个昼夜的实际时间不是别的，正好是地球以任何恒星为准自转一周所需要的时间，这样的昼夜被称为"恒星日"。

这样，恒星日平均比太阳日要短 3 分 56 秒，四舍五入为可以记作 4 分钟。但这个时间差也并非固定不变的，原因是：①地球并不是沿着正圆轨道绕太阳作匀速公转，在有些地方（离太阳较近的地方）地球的公转速度快些，而在另外一些地方（离太阳较远的地方）速度慢些；②地球自转的轴跟它绕太阳公转的平面之间是倾斜的。由于这两个原因，在不同的日子里，实际太阳时间和平均太阳时间之间的差别就是不同的，有时候这个时间差可以达到 16 分钟。一年之中只有 4 天，这两个时间才是相同的：

4 月 15 日；6 月 14 日；9 月 1 日；12 月 24 日。

另外，在 2 月 11 日和 11 月 2 日，真正太阳日和平均太阳日之间的差别达到最大值：大约是 15 分钟。从 14 页图 7 中可以看出，一年内这两个时间之间的差别情况：

这个图叫做时间方程图，图中表示的是真正太阳中午和平均太阳中午之间的时间差，比如 4 月 1 日的时候，真正中午在准确钟表上的

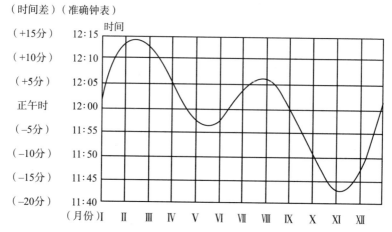

图 7 这个曲线表示出真正太阳日的中午在平均太阳时间是几点几分，譬如 4 月 1 日的真正中午在准确的钟表上应指到 12 点 5 分。

时间应当是 12 点 5 分；换句话说，这条曲线表示的是真正太阳中午的平均时间。

1919 年之前，苏联人民是按照当地的太阳时间来计时的。在地球不同经线上，平均中午的时间是不相同的（当地中午），因此每个城市都是按照自身的当地时间来计时的。只有火车的运行时间使用的是全国通用的时间：当时全国通用的时间是圣彼得堡地方时。人们将"城市时间"和"火车站的时间"区分开来：前者指的是当地平均太阳时间，是城里所有钟表上的时间；后者指的是圣彼得堡的平均太阳时间，即火车站钟表显示的时间。现在，所有的火车都按照莫斯科时间来运行了。

从 1919 年起，苏联用于计时的时间不再是地方时间，而是所谓的"时区"时间。人们依据经线将地球划分为 24 个相等的"时区"，同一个时区内的各个地方都采用同样的时间，这个时间是平均太阳时间，它为这个时区中间经线的时间。这样，在整个地球上，每一个瞬间都只有 24 个不同的时间。在没有采用时区计时的时候，地球上却存在着很多个不同的时间。

我们谈到了三种计时方法：①真正太阳时间；②平均本地太阳时间；③时区时间。此外还应当加上只有天文学家才使用的时间，即恒星时间。恒星时间是使用上面所谈到的恒星日来计算的。我们已经知道，恒星日比平均太阳日要短约 4 分钟。每年 3 月 22 日的时候，这两个时间彼此相同。但从第二天起，恒星时间就要比平均太阳时间快 4 分钟。

最后，还有第五种时间，即所谓的法令规定时间，简称"法定时"。苏联所有的人们一年到头都采用这种时间，而大多数西方国家只有夏季才使用这种时间。

法定时比时区时间要提前 1 个小时。这样做的目的是：在一年中日长的季节（从春到秋）可以把作息时间提前一些，这样就可以减少人工照明所需要的能源消耗。其方法就是正式将时针往前拨快一个小时来设定法令时。在西方国家，每年春节的时候拨快一个小时（在半夜一点钟时拨成两点钟），然后秋季的时候再将时间拨慢一个小时。

在苏联，一年四季都需要拨时钟，也就是说不仅夏季，在冬季的时候也需要。虽然这样并不能减少照明所需的能量，但是却可以使电站的负荷更均衡。

苏联是从 1917 年开始使用法定时的[①]。有时候，不仅将时钟拨快 2 个小时，甚至是 3 个小时；在中断了几年之后，又从 1930 年起重新实行了法令定时，但只是比时区时间提前了一个小时。

1.5　白昼的长短

每一个地方一年内的任何一天的白昼长短，都可以参照天文年历表进

---

① 这一法案的提出，是由于本书作者的建议。——编者注

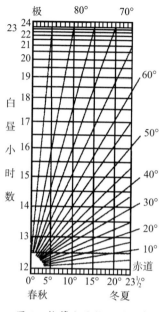

图 8 推算白昼长短的图表。

行计算。但我们的读者在日常生活中并不一定需要这样精确的计算；如果读者只想知道近似的数值，那么图 8 就已经足够了。图中左侧的数字表示的是白昼的小时数；最下端是太阳跟天球赤道的角距。这个角距用度数来表示，叫做太阳"赤纬"；最后，图中的斜线表示观测地点的纬度。

如果需要利用这张图，就应当知道，一年中的各天太阳与天球赤道的角距（也叫赤纬）大小。相应的数据参见下页表。

下面我们举例说明，如何使用这个表格。

日期	太阳赤纬	日期	太阳赤纬
1月21日	−20°	7月24日	+20°
2月8日	−15°	8月12日	+15°
2月23日	−10°	8月28日	+10°
3月8日	−5°	9月10日	+5°
3月21日	0	9月24日	0
4月4日	+5°	10月6日	−5°
4月16日	+10°	10月20日	−10°
5月1日	+15°	11月3日	−15°
5月21日	+20°	11月22日	−20°
6月22日	$+23\frac{1}{2}°$	12月22日	$-23\frac{1}{2}°$

（1）找出圣彼得堡（纬度 60°）4 月中旬的昼长。

从表格中我们可以发现，4 月中旬的时候太阳赤纬，亦即太阳和天球

赤道之间的角距是 +10°。在图 8 中，我们在最下端找到 10° 这一点，并作一条垂直于底边的直线，使其和纬度为 60° 的斜线相交。这个交点横直对应的左侧数字为 $14\frac{1}{2}$，也就是说，所求的昼长时数大约为 14 小时。我们说"大约"，是因为这张图表并没有将所谓的"大气折射"所产生的影响计算在内（参看 30 页图 15）。

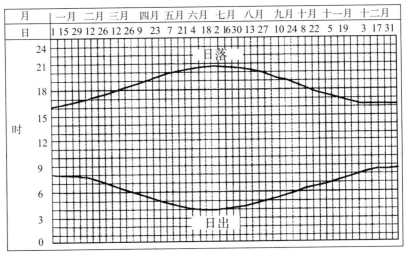

图 9　纬度为 50 的地区一年内太阳升落时间表。

（2）找出阿斯特拉罕（纬度 46°）11 月 10 日的昼长。

11 月 10 日的太阳赤纬为 –17°（太阳位于天球的南半球）。同上，我们求出这一天的白昼长为 $14\frac{1}{2}$ 小时。但是由于这一天的太阳赤纬是负数，因此这个数字表示的不是昼长，而是夜长。这样，所求的昼长就应当是 $24-14\frac{1}{2}=9\frac{1}{2}$ 小时。

我们甚至可以求出日出时间。将 $9\frac{1}{2}$ 小时对半，得到 4 小时 45 分。从 14 页图 7 中可知，11 月 1 日真正中午的时间是 11 点 43 分，这样我们就可以得出日出时间：11 点 43 分减去 4 点 45 分，等于 6 点 58 分。这一天的日落时间为 11 点 43 分加上 4 点 45 分，等于 16 点 28 分，也就是下午 4 点

28分。可见，图7和图8在必要的时候可以代替相应的天文年历表格。

利用刚才讲述的方法，大家就可以建立一个表格，用以表示我们所居住的地方全年内的日出、日落时间以及昼长。图9表示的是纬度50的地方日出、日落及昼长（这个图表是根据地方时而非法定时绘制的）。只需要仔细观察，大家就能明白应当如何绘制类似的图表了。如果我们绘制出所在纬度的图表，只需要看一眼就可以马上说出太阳在一年内的某天升起和降落的大约时间。

1.6 不同寻常的阴影

18页图10上画的是一个人，这张图显得有些不可思议：因为这个人在光天化日之下几乎没有影子。

但这确实是一张真实的绘画，不过不是创作于我们所处的纬度，而是在靠近赤道地区，当太阳差不多垂直于观测者的头顶（即太阳位于天顶）时。

在我们所处的纬度地区，太阳永远都会出现在天顶，所以不可能看到这样的情景。6月22日的时候，我们所在的地区的正午太阳达到最高值，此时它位于北回归线（北纬$23\frac{1}{2}$°）上各地的天顶。半年之后，太阳将位于南回归线上

图10　光天化日下几乎没有影子的人，这是根据在赤道附近所照的相片画的。

各地的天顶。此外，在南北回归线之间的热带地区，太阳会每年两次位于天顶，在这些时候，太阳照耀下的物体都不会有影子：因为影子正好位于

物体的正下方。

图 11 所示的情景虽然是虚构的，但却具有教育意义。一个人不可能同时产生 6 个影子，画图的人是想用这种方法直观地显示极地地区太阳的特点：人的影子在一天的各个时候都是一样长的。原因是，在极地地区，太阳的运动路线并不是像我们这些地方一样和地平线相交，而几乎是跟地平线平行的。画图的人却犯了一个错误，他所绘制出来的人的影子和人的身高之间比较起来太短了。如果人的影子果真如画中那样长，那么这应当是太阳高度大约为 40° 的情景，但这在极地地区是不可能的：这些地方的太阳高度永远少于 $23\frac{1}{2}$°。熟悉三角学的读者，可以轻易就计算出，极地地区物体的最短影子不会比物体本身高度的 2.3 倍还短。

凌晨3点　　　　　　　　早上9点

午夜

晚上9点　　　　　　　　中午

　　　　　　　　　　　日间3点

图 11　一天之内，极地地区物体的影子长度不会发生变化。

1.7 一道关于两列火车的题目

【题】 两列完全相同的火车，以相同的速度相向而行（见图 12）。

其中，一列火车由东向西行驶，另一列由西向东行驶。请问：哪一列火车更重？

【解】 自东向西与地球自转方向相反的那列火车重些（因为作用于铁轨的压力大些）。这列火车围绕地轴运动的速度稍慢些，由于离心力的影响，它相对于由西向东运行的那列火车来说，其失去的本身的重量要少一些。

那么，这之间的差别到底有多大呢？我们假设，在纬圈 60° 附近有两列火车，它们的运行速度为每小时 72 千米，或者每秒钟 20 米。我们知道，在该地区，地球表面的各点均以每秒钟 230 米的速度围绕地轴旋转。由此可知，顺着地球自转方向往东运行的火车，其旋转的速度应当把 230 加上，也就是每秒钟 250 米；而和地球自转方向相反往西运行的火车，其旋转速度则为每秒钟 210 米（230–20）。由于纬线圈 60° 地区的纬线圈半径是 3200 千米，因此对第一列火车而言，向心加速度为：$\dfrac{V_1^2}{R} = \dfrac{25000^2}{320000000}$ 厘米 / 秒 ^{2}。

第二列火车的向心加速度为：$\dfrac{V_2^2}{R} = \dfrac{21000^2}{320000000}$ 厘米 / 秒 ^{2}。

图 12 一道关于两列火车的题目。

这两列火车的向心加速度之间的差为：

$$\frac{V_1^2-V_2^2}{R} = \frac{25000^2-21000^2}{320000000} \approx 0.6 \text{ 厘米 / 秒}^2。$$

因为向心加速度的方向与重力方向之间的角是 60°，所以我们只需要考虑向心加速度对重力施加影响的那部分即可，亦即 0.6 厘米 / 秒²×cos60°=0.3 厘米 / 秒²。

将这个数值和重力加速度相除，$\frac{0.3}{980}$，结果大约是 0.0003。

因此，向东行驶的火车相对于向西行驶的火车来讲，其重量要轻些，所轻的重量为火车重量的 0.0003 倍。假设火车包括 1 个火车头和 45 个运货车厢，重量为 3500 吨，那么这个重量差值就应当为：

3500×0.0003=1.05 吨 =1050 千克。

对于排水量为 20000 吨的大轮船来说，如果它运行的速度为每小时 35 千米，那么重量差可以达到 3 吨。轮船向东运行时减轻的重量，会在水银气压计上表现出来。向东运行的轮船与向西运行的轮船相比，如果速度为每小时 35 千米，那么前者的气压计高度比后者少 0.00015×760=0.1 毫米。甚至是在圣彼得堡大街上行走的人，如果行驶速度为每小时 5 千米，那么，他由西往东行走比他由东向西行走时要轻 1 克。

1.8　用怀表找方向

大家都知道在晴天的时候用怀表找方向的方法。表面的摆放应当是这样的：让时针指向太阳的方向。时针与表面上 6 ～ 12 的那条线之间的夹角平分，所得的等分角线指向正南方。这个方法的根据是不难理解的。太阳在天空转一圈需要 24 小时，时针在钟表表面转一周需要 12 小时，也就是说，在同样的时间内，时针在表面所走的弧是太阳在天空中所走的两倍。因此，如果时针在中午的时候正指着太阳，那么一段时间过后，它就会超过太阳，它所转过的弧就会是太阳转过的两倍。因此，如果按照上述方法将时针转过的弧进行平分，我们就能得出在中午的时候位于天空中的位置，这个位置就是南方（见图13）。

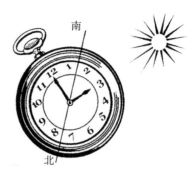

图13　用怀表找方向的方法，很简单但不是很准确。

　　然而经验表明，此种方法十分不精确，误差有时候可达几十度。要明白为什么会这样，我们就得仔细研究方法。不精确的主要原因在于，怀表表面和地平面是平行的，而太阳转动的路线只有在极地地区才跟地平面平行，在其他所有的纬度地区，它的路线和地平面之间都呈一定的角度——在赤道上为直角。因此，用怀表找方向只有在极地地区才会准确无误，而在其他地方不可避免地会产生或大或小的误差。

　　我们现在来看图14a。假设观测者位于 M 点；N 点为北极；圆 HASNRBQ 为天球子午线，它经过观测者的天顶和天球北极。可以简单计算出观测者所处的纬度，为此只需要量角器测出天球北极在地平面 HR 上的高度 NR 就可以了。这个高度等于当地的纬度[1]。从 M 点往 H 点的方向看，观测者的前方就是南方。在这幅图中，太阳在天空中的运行路线是用一条直线表示的，这条直线的一部分位于地平面之上（太阳白昼所走的路），一部分位于地平面之下（黑夜所走的路）。直线 AQ 表示的是太阳在春分和秋分所走的路线。我们可以看到，此时白昼所走的路线和黑夜所走的路线是相等的。直线 SB 表示的是太阳在夏季的时候的运行路线，它和直线 AQ 平行，但它的大部分在地平面之上，只有较少的一部分位于地平面之下（我们可以回

———————————————————————————

[1]　关于这一点在作者的《趣味几何学》中的"鲁滨孙的几何学"一章里有解释。

忆一下夏夜的短促）。太阳在其圆形路径上每小时运行全长的 $\frac{1}{24}$，也就是 $\frac{360°}{24}$=15°。但是午后 3 小时，太阳并不像我们所想象的那样位于地平面的西南方向（15°×3=45°）。产生这个误差的原因是，太阳路径上的相等弧线投射到地平面上的投影并不相等。

如果我们仔细观察图 14b，这种情况就更直观。图中的圆 SWNE 表示的从天顶往下看的地平面圈；直线 SN 表示天球子午线；观测者位于 M 点，太阳一昼夜在天空中所走的圆形路径中心，投射到地平面上的 L′ 点（参看图 14a）；太阳圆形路径圈成椭圆形投射到地平面上（S′ B′）。

我们现在来看看太阳运行的圆形路线 SB 上等分点在地平面上的投射情况。为此，我们把圆形路径 SB 移动到与地平面水平的位置（图 14a 中的 S″B″），将这个圆分成 24 等份，做出其在地平面上的投影图。为了画出椭圆 S′ B′上的等分点——太阳运行的圆形路线的投射图，我们从圆形路线 S″B″ 上的各等分点作平行于 SN 的直线。显然，我们得到的将是些不相等的弧线。对观测者来说，这些弧线会显得更加不相等，因为他并不是站在椭圆的中点 L 上，而是站在旁边的 M 点。

我们现在来计算一下，在纬度 53° 上的夏天，使用怀表表面测定方向

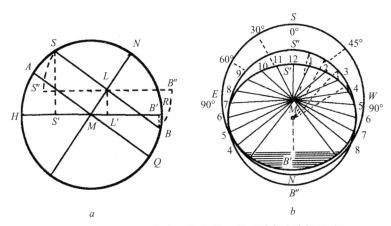

图 14 为什么把怀表当做指南针，得不到准确的指示呢？

时，究竟会产生多大的误差。这个时候，太阳日出的时间为早上 3 ～ 4 点之间（图 14*b* 中的横线部分表示的是黑夜）。太阳到达正东方向 *E* 点（距离正南 90°）的时间不是怀表所显示的 6 点，而是 7 点半。在离正南 60° 的地方，太阳升起的时间不是早上 8 点，而是 9 点半；在离正南 30° 的地方，太阳不是在 10 点而是在 11 点的时候升起。在西南方向（正南往西 45°），太阳不是在下午 3 点而是在 1 点 40 分的时候出现；太阳到达西边不是下午 6 点，而是 4 点半。

如果我们考虑到一点，即怀表所表示的是法定时，跟当地的真正太阳时并不相符的话，那么，用这个方法测定方向所出现的不准确性就更大了。

所以，虽然怀表可以当指南针使，但是却是极不可靠的。在春秋分时节（此时观测者所在的位置没有偏心距）和冬天的时候用怀表测定时间的误差最小。

1.9　白夜和黑昼

从 4 月中旬开始，圣彼得堡进入"白夜"时期，而从这些"熹微朦胧"和"无月的亮光"等奇异的光辉中，衍生出了多少诗情画意！文学传统赋予了白夜和圣彼得堡以深深的不解之缘，以至大家都自然地把它们当做我们古都的一道风景名胜。实际上，白夜是一种相当常见的天文学现象，在所有高于一定纬度的地区都会出现。

如果我们抛开诗意不谈，而仅仅从天文学上来看待这种现象的话，那么白夜就跟晨曦和晚霞并无二致。普希金将这个现象的实质性定义为晨曦和朝霞的结合："不让黑夜冲进那金黄色的天空，一种霞光从容地代替了另一种……"在那些纬度地区，如果太阳在昼夜运行过程中不会降落到地平面以下 $17\frac{1}{2}$°的话，那么当晚霞还没有来得及隐退的时候，晨曦便已经出现了，这样就连半个小时的黑夜都不会有。

显然，并非圣彼得堡或者其他某个地方才能观察到这一现象。白夜的地区界限是可以用天文学方法计算出来的。事实上，在圣彼得堡更南的一些地区，也可以观察到白夜这种现象。

在 5 月中旬或者到 7 月底这段时间内，莫斯科的市民也可以欣赏到白夜景观。虽然在莫斯科看到的白夜不如在圣彼得堡看到的明亮，但是圣彼得堡 5 月的白夜却能在莫斯科的整个 6 月和 7 月初出现。

白夜地区的最南界限，在苏联境内位于波尔塔瓦所处的 49°（$66\frac{1}{2}$° $-17\frac{1}{2}$°）纬度上。这个地区一年中有一天可以见到白夜，那就是 6 月 22 日。从这一纬度往北，白夜越来越亮，时间越来越长。在古比雪夫、喀山、普斯科夫和基洛夫以及叶尼塞克斯等地都有白夜现象。但是由于这些地区处于圣彼得堡往南的地方，所以白夜的时间（在 6 月 22 日前后）更短，也不及圣彼得堡的白夜那般明亮耀眼。但普多日的白夜却比圣彼得堡的亮一些，而阿尔汉格尔斯克的白夜还要明亮很多，这个地方距离日不落的地方已经不远。斯德哥尔摩的白夜和圣彼得堡的白夜并没有什么区别。

如果太阳运行的轨道并没有在地平面以下，而是轻轻地沿着地平面滑动，那么我们看到的就不仅是晨曦和晚霞的衔接，而是毫不间断的白天了。能够观察到这种现象的地方从纬度 65°42′ 起：此处开始了半夜见到太阳的王国。再往北，从纬度 67°24′ 开始，可以观测到没有间断的黑夜，这里晨曦和晚霞的衔接不是经由午夜，而是经由中午开始的。这就是所谓的"黑昼"，和白夜相反，但二者的光亮程度是相同的。"黑昼"地区也就是半夜可以见到太阳的地区，只不过这两种现象出现在一年的不同时期。在有的地方，6 月的时候能够看到不落的太阳[1]，12 月的时候就会有好多天朦朦胧

---

[1] 在阿姆巴契克塔，从 5 月 19 日到 6 月 26 日，太阳不落到地平线以下，而在底克西塔附近，是从 5 月 12 日到 8 月 1 日。

胧的日子，这是由于太阳没有出来而引起的。

1.10　光明与黑暗的交替

　　白夜现象作为一种直观的证据告诉我们，小时候我们认为白昼和黑夜交替是十分准确的这种想法有些过于简单笼统了。事实上，在我们的星球上，光明和黑暗的交替非常的不一致，也跟我们习以为常的昼夜交替现象不完全吻合。可以根据光明与黑暗的交替关系，将我们所居住的地球划分为 5 个地带，每个地带都有自身的昼夜交替规律。

　　第一个地带是从赤道向南北延伸到纬度 49°。在这一地带，也只有在这一地带，每个昼夜都有真正的白天和黑夜。

　　第二个地带位于纬度 49° 和 $65\frac{1}{2}$° 之间，囊括了苏联境内波尔塔瓦以北的所有地区。这一地带在接近夏至的时期有连续不断的微明。这就是白夜地带。

　　第三个地带比较窄，位于纬度 $65\frac{1}{2}$° 到 $67\frac{1}{2}$° 之间。太阳在此地带 6 月 22 日前后基本上都不会降落。这一地带是半夜可以见到太阳的地区。

　　第四个地带位于 $67\frac{1}{2}$° 到 $83\frac{1}{2}$° 之间。这一地带有一个特点是：不仅 6 月的时候有连续不断的白昼，在 12 月的时候还有连续很多天的黑夜，在这些日子里太阳根本就不会升起，晨曦和霞光代替了白昼。这就是黑昼地带。

　　光明与黑色交替最复杂的情况出现在第五个地带，也就是 $83\frac{1}{2}$° 以北的地区。如果说圣彼得堡的白夜打破了正常的昼夜交替，那么在这个地区，我们所习惯的昼夜交替方式就完全不存在了。从夏至到冬至（6 月 22 日到 12 月 22 日）整个半年的时间，可以划分为 5 个时期，也就是 5 个季节。第一个时期是连续不断的白昼；第二个时期为白昼和微明的交替，但是并没有完全的黑夜（与圣彼得堡夏季的黑夜有些相似）；第三个时期是连续不断的微明，没有真正完全的白天和夜晚；第四个时期，在微明中，每天的半夜前后有一段比较黑暗的时间；最后，第五个时期就是彻底的黑暗。而在下一个半年内（从 12 月到次年 6 月），也会出现同样的现象，只不过次序相反。

在赤道另一端的南半球，也跟北半球一样，在相应的地理纬度上也会看到类似的现象。

我们基本上没有听到过在遥远的南半球的白夜现象，那仅仅是因为那里是一片海洋。

在南半球跟圣彼得堡纬度相等的纬线上，没有一块陆地，到处都是海洋；也只有那些南极的航海家才有机会欣赏到白夜现象。

1.11　极地太阳的一个谜

【题】极地探险家们都会注意到，高纬度地区夏季的太阳有一个很有趣的特征：它的光线微弱地照射着地面，但是所有竖直着的物体都会被晒得很厉害。

直立的悬崖和房屋的墙壁迅速变热，冰山快速融化，木船上的树胶熔化了，人们的脸部皮肤被晒黑了，如此等等。

极地太阳光对直立物体所产生的这种作用，应当如何来进行解释呢？

【解】我们在此处涉及一个意外的物理定律：阳光投射到物体表面的角度越垂直，其作用就会越明显。在极地地区，就算是夏天，太阳的位置也不高，不会超过半个直角，而在高纬度地区，甚至比半个直角还要小很多。

不难想象，当太阳光和地平面之间所成的角度比半个直角小的时候，那么它们跟垂直的直线所成的角度就一定比半个直角要大。换句话说，阳光落到垂直表面的角度是相当陡的。

现在就可以明白了，跟极地的阳光晒到地面上不厉害的道理一样，它们晒到一切垂直的物体上就会比较厉害。

1.12　四季始于何时？

3月21日的时候，不论暴风雪是否还在肆虐，不论是否依旧寒冷，或者是否已经冰雪消融，北半球的这一天都被认为是冬去春来的日子，这就是天文学上春天开始的时日。很多人都不明白，为何偏偏选择了3月21日（有些年份是22日）这个日子作为冬天和春天的分界线，因为在这个时候可能还是酷寒当道，或者相反，甚至已经是暖阳当空了。

原因在于，天文学上的春天的开始并不是根据变幻无常的天气现象来判断的。在北半球的所有地区，春天来临的日子都是同一天，这不免使人产生出这样的想法，那就是天气特征对此并没有什么实质的意义。要知道在整个北半球根本不可能处处都是一样的天气啊！

事实上，天文学家们在确定四季开始的日子的时候，所遵循的并非与气象有关的现象，而是天文学的现象：正午太阳的高度以及由此而产生的白昼长短。天气情况已经只是附带情况了。

3月21日与一年中其他日子所不同的是，在这一天地球上的昼夜分界线刚好通过地理学上的南北两极。假设我们将一个地球仪拿在手里，对着灯光，使地球仪被照亮的一面的界线刚好和经线重合，跟赤道以及所有纬线圈相交的角度为直角，然后把地球仪在这个位置绕着它的轴转动，那么就可以看到，地球仪上的每个点在绕圈时所形成的轨道圈有一半在黑影中，有一半在光照下。这表明，此时昼夜等长。在每年的这个时候，整个地球上从北到南的所有地方都可以观测到昼夜等长现象。由于此时昼长为12小时，也就是为昼夜的一半，那么太阳就应当在早上 6 点升起，18 点落山（当然此处指的是地方时）。

因此，在 3 月 21 日这天，地球表面的所有地方昼夜长短都一样。天文学上将这一不寻常的时刻成为"春分"。之所以叫做春分，是因为此时并不是一年中唯一一天出现昼夜等长的日子；半年之后，在 9 月 23 日的时候，又会出现昼夜等长，即"秋分"，它是夏天结束和秋天开始的标志。当北半球是春分的时候，在地球另一端的南半球就是秋分，反之亦然。当赤道的一侧是冬去春来的时候，另一侧则是夏秋交替。南北半球的季节是不会重合的。

现在我们来讨论一下一年中昼夜长短的问题。从 9 月 23 日秋分开始，北半球的白昼比黑夜越来越短暂。这种情况会持续半年。在此期间，先是白昼一天比一天短，一直到 12 月 22 日，然后再一天天地变长，直到 3 月 21 日昼夜等长。从这一天开始，在接下来的半年内，北半球的白昼都比黑夜要长。白昼一天天变长，直到 6 月 21 日，以后才逐渐缩短起来。不过，还要持续三个月，在此期间始终是昼长夜短，直到 9 月 23 日秋分昼夜等长。

我们此处谈到的四个日期，就是天文学上四季的开始与终结，北半球所有的地方情况都一样：

3 月 21 日：昼夜等长，春季的开始；

6 月 22 日：昼最长，夏天的开始；

9 月 23 日：昼夜等长，秋天的开始；

12 月 22 日：夜最长，冬天的开始。

在赤道另一侧的南半球，我们的春天正是他们的秋天；我们夏天的时候，那边则是冬天。

我们在此给读者留几个问题，可以帮助大家更好地记住和解释上面所讲述的情况：

【题】①在地球上哪一个地方，一年内都昼夜等长？

②今年 3 月 21 日，塔什干的太阳几点钟升起来（地方时）？同一天，东京的太阳何时升起？阿根廷的布宜诺斯艾利斯呢？

③今年 9 月 23 日，新西伯利亚的太阳何时落山？在纽约和好望角呢？

④8 月 2 日和 2 月 27 日，赤道地区的太阳何时升起？

⑤有没有这样的情况：7 月严冬，1 月酷暑？

【解】①赤道上全年昼夜等长，因为不论地球处于什么位置，地面上受太阳照亮的一面总是把赤道分成相等的两部分。

②和③在春秋分的时候，地球上所有的地方的太阳都是本地时间 6 点升起，18 点落山。

④赤道上的太阳一年四季都是在本地时间 6 点升起。

⑤在南半球的中纬度地区，7 月严寒和 1 月酷暑是很常见的现象。

1.13　三个"假如"

不少时候，解释一桩司空见惯的事情要比解释不寻常的事情困难不少。我们小时候已经掌握了十进制计数法，但只有当我们需要尝试别的进位计数法，比如说七进位或者十二进位的时候，我们才会发现它的优点。只有开始学习非欧几里得几何学的时候，我们才能够真正理解欧几里得几何学的要点。为了更好地理解重力在我们生活中所起的作用，就需要想象一下，当这个力比实际情况大很多或者小很多的时候的情况。现在就让我们利用"假如"的方法来更好地解释地球围绕太阳转动的情形吧。

先来谈谈我们在学校里就已经熟悉的一件事情。我们知道，地轴跟地球运行轨道的平面相交呈 $66\frac{1}{2}$°的角（大约是直角的 $\frac{3}{4}$）。只有当将这个角设想成不是直角的 $\frac{3}{4}$，而是像直角的时候，我们才能更好地理解这一事实。

换句话说，把地轴想象成跟地球运行轨道的平面垂直，就像凡尔纳的幻想小说《底朝天》中炮兵俱乐部的会员所幻想的一样，如此一来，自然界中各种寻常事情会发生什么变化呢？

假如地轴和地球运行轨道的平面垂直

假设，凡尔纳小说中炮兵军官们"将地轴竖起来"的企图已经实现了，现在地轴跟地球绕太阳运行轨道的平面之间呈直角，那么，自然界中会发生什么样的变化呢？

首先，现在的北极星——小熊座 α 星就不再是北极星了。地轴的延长线不再通过这颗星的近旁。星空天穹将会围绕天空的另一个点转动。

再次，四季交替也会完全变样，也就是说，再也不会有四季交替了。

是什么决定了四季的交替呢？为何夏天比冬天暖和？这虽然是一个极其普遍的问题，但是还是试着回答。学校里讲的远远不够，除此之外大部分人就再也无暇研究这一问题了。

北半球夏天之所以炎热，首先是因为地轴是倾斜的，它的北端现在朝向太阳，因此白天长夜晚短暂。太阳长时间地照射地面，夜里地面还来不及将所吸收的热量完全散发出去，这样吸收的热量逐渐增多，但是散热少。其次，还是因为地轴向太阳倾斜，所以白天的时候太阳在天空的角度就要高一些，太阳光和地面之间的角度就大一些。这就是说，夏天的太阳不仅长时间地照射地面，而且照射的程度也很厉害。冬天的情况则相反，太阳照射时间短而微弱，地面夜晚散热时间长。

在南半球，同样的情形发生在 6 个月之后（也可以说是 6 个月之前）。春秋的时候，南北两极和太阳光之间的角度是一样的，太阳光照射地面的部分基本上和经线重合，昼夜基本等长。这段时间就是冬夏之间的季节。

如果地轴跟地球围绕太阳旋转的轨道平面垂直的话，还会发生这样的变化吗？不会，因为那时候地球相对于太阳光的位置不会发生变化，一年四季在地球上各个地方都会是同样的季节，就像现在只会发生在3月和9月二十几号的情况一样，那时候随时随地都会是昼夜等长（木星上的情况就是大致如此，它的轴几乎跟它绕太阳运转的轨道平面垂直）。

如果地轴跟地球绕太阳的轨道平面垂直，那这样的变化会发生在现在的温带地区，热带地区的气候变化则不会很明显，而相反，在极地地区这种变化却会十分显著。由于大气折射作用，在这些地区天空中的星体位置会被稍微抬高一些（图15）。太阳一年四季都不会降落，而是成年地在地平线上起伏，于是就会有永恒的白昼，确切地说，是永恒的早晨。虽然太阳的位置低，但是太阳光所带来的热量不会很大。然而由于太阳成年累月地照射着，酷寒的极地气候会变得温和一些。这就是地轴倾斜角度改变所带来的唯一好处，这点好处却弥补不了地球上其他地区的损失。

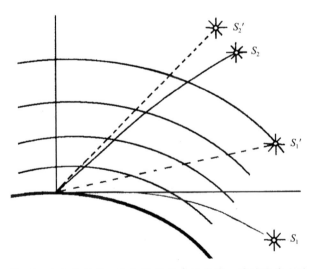

图15 大气的折射。从太阳 S_2 射来的光线，透过地球上的大气层，在每层大气中都要受到折射使位置发生偏移。因此，观察的人会觉得光线是从 S_2' 点射出来的。而 S_1 处的太阳虽然已经落山了，但是由于大气折射作用，观察者还能看见它。

假如地轴跟地球运行轨道平面呈 45° 角

现在我们换一种想法：假设把地轴的倾斜角改成半个直角。每年春分和秋分的时候，地球上的昼夜交替情况和我们所假设的境况相同。但是在 6 月的时候，太阳会是在 45° 纬线（而不是 $23\frac{1}{2}$°）的天顶：在这个纬度上会像是热带地区的天气。在圣彼得堡所在的纬度（60°）地区，太阳离天顶的高度只差 15°！这个高度正是热带地区的太阳高度。热带会直接与寒带接壤，而温带地区将会完全不存在了。在莫斯科和哈尔科夫地区，整个 6 月都会是连续不断的白昼，太阳永远不会落山。相反，冬天的时候，在莫斯科、基辅、哈尔科夫和波尔塔瓦地区，会是连绵不断的极夜。而这个时候的热带地区会变成温带，因为中午的太阳高度不会超过 45°。

这样一改变，热带和温带地区就会遭受很多的损失。而极地地区却好像是从中受益了：在这些地方，严冬（比现在严寒）过后就会有如温带一般的暖和的夏季。即便是在极点上，正午的太阳高度也会有 45°，而且会有半年之久。北极圈上永冻的冰块会在友好的太阳光下大大地减少。

假如地轴就在地球运行轨道平面上

第三个"假如"，是把地轴平放在地球运行的轨道平面上（图 16），地球将"躺着"围绕太阳旋转。它绕着地轴旋转，就像我们行星家族中很遥远的一员——天王星旋转的一样。这样的话，将会发生什么样的事情呢？

那时极地附近地区会有半年的白昼。在此期间，太阳会盘旋状地从地

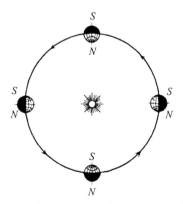

图 16　假如地轴放在地球运行的轨道平面上，地球会怎样围绕太阳旋转？

平面升到天顶，然后再沿着上升的路线降落到地平线下，随之会有半年的黑夜。在昼夜交替的时候，会有很多年连续不断的微明天气。太阳在落到地平面以下之前，会有好几天在地平面附近起伏徘徊，绕着整个天空旋转。在夏季，冬天所累积的所有冰雪都会全部消融。

在中纬度地区，从春天开始，白昼很快一天天变长，然后会有一段时间是连续不断的白昼。该地区距离极地的纬度差是多少，白昼就会在多少天之后到来；这一白昼所持续的时间长短，等于当地纬度的二倍。

譬如，圣彼得堡地区的白昼时间会在 3 月 21 日之后 30 天到来，并持续 120 天。9 月 23 日之前 30 天内，会出现极夜。冬天的时候情况会相反：将会出现同样天数的连续不断的黑夜。只有在赤道地区才会有昼夜等长现象。

和上述内容大致相似，我们已经谈到过天王星，它的轴和它绕太阳运行的轨道平面之间所呈的角只有 8°。可以说，天王星就是"卧着"绕太阳旋转的。

在讲述了这三个"假如"之后，读者朋友应该对气候条件和地轴倾斜度之间的关系有了更清晰的认识。所以说，"气候"这个词在希腊语中有"倾斜"的意思，并非纯属偶然。

1.14 再一个"假如"

我们现在来讨论地球运行的另一方面：它的轨道形状。地球和其他的行星一样，遵循开普勒的第一定律，即每个行星都以太阳为中心，按椭圆形轨道运行。

地球运行的轨道是一个什么样的椭圆呢？它和圆形的区别又是什么呢？

在初级天文学教科书籍中，地球轨道往往被画成两端拉得很长的椭圆。这样的视觉形象，并非对它的正确认识，但却成为许多人一生的理解。他们认为，地球轨道是一个两端拉得很长的椭圆。事实却并非这样：地球轨道和圆形的区别很小，甚至在纸上将其画出来的形状都是圆形的。如果我们画一个直径为一米的地球轨道，那么这个图形跟圆形的差别，不会比图形的线条还粗。即使是艺术家那双敏锐的眼睛，都不一定能将这样的椭圆和圆形区别开来。我们先来熟悉一下几何学上的椭圆。

在图 17 的椭圆中，AB 是它的"长径"，CD 为"短径"。

在任何一个椭圆中，除了"中心" O 点之外，还有两个重要的点："焦点"，它们位于长径上，对于中心点两边相互对称。焦点可以用以下方法求出（见图 18）：以长径的一半 OB 做半径，短径的一个端点 C 为圆心，画一条弧线，跟长径 AB 相交于 F 和 F_1。这两点就是椭圆的焦点。OF 和 OF_1 长短相等，通常都用字母 c 表示，而长径和短径用 2a 和 2b 表示；c 除以 a，即 $\frac{c}{a}$，结果表示的是椭圆伸长的程度，叫做"偏心率"。椭圆和正圆的区别越大，其偏心率就越大。

只要知道了地球运行轨道的偏心率大小，我们就会对它的形状有一个准确的认识。这个数值不需要知道轨道的大小就可以求出。事实上，太阳位于地球运行轨道的一个焦点上。由于轨道的各点跟这个焦点的距离不同，

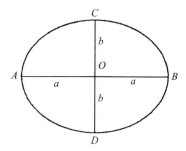

图 17 椭圆及其长径 AB 和
短径 CD，中心为 O 点。

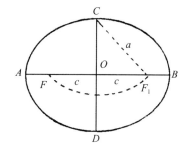

图 18 怎样求椭圆的焦点
（F 和 F_1）以及半长径 a？

我们就会觉得从地球上看到的太阳的大小并不一定。我们看到的太阳有时候大，有时候小，这个大小当然跟观测点距离太阳的远近有关。假定太阳位于图 18 中的焦点 F_1，7 月 1 日左右，地球在轨道的 A 点，那时候我们见到的太阳圆面最小，用角度表示为 31′ 28″；1 月 1 日，地球在 B 点，那时候我们见到的太阳圆面最大，用角度表示为 32′ 32″。这样，可以求出一个比例：

$$\frac{32'\ 31''}{31'\ 28''} = \frac{BF_1}{AF_1} = \frac{a-c}{a+c}$$

从这个比例我们可以得出：

$$\frac{32'\ 31''-31'\ 28''}{32'\ 32''+31'\ 28''} = \frac{a+c-(a-c)}{a+c+(a-c)}$$

或者

$$\frac{64''}{64'} = \frac{c}{a}$$

因此

$$\frac{c}{a} = \frac{1}{60} = 0.017 。$$

这就是说，地球运行轨道的偏心率是 0.017。由此可见，只要仔细测出太阳的可视圆面，就能求出地球轨道的形状。

现在我们就来证明，地球运行轨道和圆形的区别确实很小。假定我们把地球轨道画成一张大图，其半径等于 1 米。那么这个椭圆的短径是多少呢？从图 18 中的直角三角形 OCF_1 中可以得出：

$$c^2 = a^2 - b^2$$

或者

$$\frac{c^2}{a^2} = \frac{a^2 - b^2}{a^2}$$

而 $\frac{c}{a}$ 为地球运行轨道偏心率，这个值等于 $\frac{1}{60}$。将 a^2-b^2 转化为 $(a+b)$ $(a-b)$，由于 a 和 b 之间的差别很小，所以 $(a+b)$ 可以用 $2a$ 表示。

这样我们可以得到： $\frac{1}{60^2} = \frac{2a(a-b)}{a^2} = \frac{2(a-b)}{a}$

因此： $a-b = \frac{a}{2 \times 60^2} = \frac{1000}{7200}$

这个结果小于 $\frac{1}{7}$ 毫米。

由此可知，即使在这么大一个相当大的图上，地球轨道的半长径和半短径之间的差别都不会超过 $\frac{1}{7}$ 毫米。就算是最细的铅笔，其粗细也要比这个数值大。因此，如果我们将地球轨道画成一个圆形，事实上并没有犯错误。

那么，在这张图上，太阳应当处于什么位置呢？为了表明它是处于这个轨道的焦点上，应该把它放在离开中心多远的地方呢？换句话讲，在我们的图上，OF 或者 OF_1 等于多少呢？这项计算也并不复杂：

$$\frac{c}{a}=\frac{1}{60}, \quad c=\frac{a}{60}=\frac{100}{60}=1.7 \text{ 厘米。}$$

这就是说，太阳应当位于距离我们所画的地球轨道中心 1.7 厘米的位置。如果我们用直径为 1 厘米的圆来表示太阳，那只有艺术家敏锐的眼睛才可以注意到，此时的太阳并非处在轨道中心位置上。

根据上述情况可知，事实上在画地球轨道的时候，可以把它画成圆形，把太阳放在紧靠中心的位置。

太阳所处位置的这点不对称性，会不会对地球上的气候条件产生影响呢？为了阐述这个问题，我们还是采用"假如"的方法。假设地球轨道偏心率增大到一个比较大的值 0.5。这就是说椭圆的焦点恰好把它的半长径平分；这样的椭圆将延伸得像个鸡蛋。太阳系中主要的行星中，没有任何一个的偏心率有如此大。最扁长的水星，其轨道偏心率也没有超过 0.25（但是小行星和彗星是沿着更扁长的椭圆形轨道运行的）。

假如地球的轨道更扁长一些

我们假设地球轨道显著拉伸，焦点位于半长径的中点，如图 19 所示。地球 1 月 1 日的时候依旧位于离太阳最近的 A 点，7 月 1 日的时候位于离太阳最远的 B 点。由于 FB 是 FA 的三倍，所以 7 月的太阳跟我们的距离是

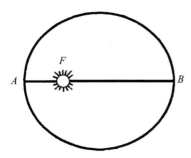

图 19 如果地球轨道的偏心率为 0.5，
地球轨道会是什么样的形状？

1 月太阳的 3 倍。因此 1 月太阳的视直径就应当是 7 月的 3 倍，而 1 月里太阳发出的热量就是 7 月的 9 倍（跟距离的平方成反比）。在这种情况下，我们北半球的冬季会是什么样的呢？那时只不过是太阳在天空中的位置很低，昼短夜长，但是不会有寒冷的气候，因为太阳的距离足够近，可以抵消照射方面的不利条件。

这里还需要说明关于多普勒第二定律的一个情况，即在相同的时间内，向量半径经过的面积也相等。

轨道"向量半径"是一条直线，它连接太阳与行星，我们此处涉及的行星是地球。由于地球沿着轨道运行，因此向量半径也跟着运动，同时会覆盖一定的面积。开普勒定律认为，向量半径所覆盖的椭圆里的各个部分的面积彼此相等。当地球位于离太阳较近的轨道上时，运动速度比位于离太阳较远的轨道上的速度快；否则，短的向量半径（地球离太阳近时）所覆盖的面积跟长的半径（地球离太阳远时）覆盖的面积就不会相等了（见图 20）。

把这个推理应用到我们所假定的轨道上来，可以得出这样的结论：在 12 月到 2 月期间，当地球距离太阳较近的时候，其速度要比 6 月到 8 月快一些。换句话说，北方的冬天应当很快就过去，而夏天正好相反，要过得慢些，因此地球得到的太阳热量就会更多一些。

如图 21 所示，就是根据我们所假定

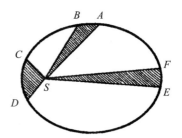

图 20 多普勒第二定律：如果弧线 AB、CD、EF 是行星在相同时间段内通过的距离，那么图上的几块阴影图形面积应该相等。

的情况而做出的更精确的季节长短图
解。图中的椭圆是我们所假定的情况下
的地球轨道形状（偏心率为 0.5）。数字
1 到 12 将轨道分成 12 段，每一段代表
地球在相等时间内运行的路程。这 12
点跟太阳的连线就是向量半径，根据开
普勒定律，它们所分割的各部分面积应
当相等。

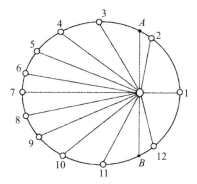

图 21 如果地球轨道是较扁的椭
圆形，那么地球应当怎样绕太阳运
动？相邻的两个数字之间的距离，
是地球在相等的时间（一个月内）
所走过的距离。

　　1 月 1 日地球在点 1,2 月 1 日在点 2,
3 月 1 日在点 3，以此类推。从图中可
以看出，在这样的轨道上春分（A 点）应在 2 月上旬，而秋分（B 点）在
11 月末。也就是说，北半球的冬季不会超过两个月，从 12 月底到 2 月初。
而昼长且正午太阳高的时间（从春分到秋分），囊括了 9 个半月之多。

　　地球南半球的情况恰好相反。昼短且太阳较低的季节，恰好和地球离
太阳较远的时候重合，此时太阳光照的热量只有太阳较近的时候的 $\frac{1}{9}$；而
昼长且太阳较高的季节，太阳照射的力度是太阳较低时的 9 倍。冬天的时
候，南半球比北半球干燥很多，延续周期更长。相反，夏季虽然较短，但
是却酷热难耐。

　　还需要指出我们这个"假如"的一个后果：1 月份地球运行比较快，
真正中午和平均中午之间的相差会很大，可以达到好几个小时。如果按照
我们现在的依据太阳平均时间作息的话，将会非常不方便。

　　我们已经明白，太阳在地球轨道的偏心位置对我们会产生怎样的影响。
首先北半球的冬季比南半球短而暖和，夏季比南半球长。那现实中是否可
以观察到这样的现象呢？当然是可以的。地球在 1 月比 7 月离太阳近，大
约近 $2 \times \frac{1}{60}$，也就是 $\frac{1}{30}$；因此在 1 月里，地球从太阳得到的热量就是 7 月

里的 $(\frac{61}{59})^2$ 倍，就是比 7 月多 7%。这多少能弥补缓和一下北半球的严冬。从另一方面来讲，北半球的秋冬二季要比南半球短 8 天，而春夏两季要比南半球长 8 天。这或许可以解释为什么南极的冰雪更多。下表表示的是南北半球四季的长短：

北半球	四季长短	南半球
春季	92日19时	秋季
夏季	93日15时	冬季
秋季	89日19时	春季
冬季	89日0时	夏季

由此可见，北半球的夏季比冬季长 4.6 日，而春季比秋季长 3.0 日。

然而，北半球的这一优势并不会永远持续下去。因为地球轨道长径缓慢地在空间中运行：它会把地球上距离太阳最远和最近的点移向别的位置。这种运动循环一周需要 21000 年。根据计算，到公元 10700 年，上文所述的北半球的优势就会转移到南半球去。

地球的偏心率也不会永远保持不变，它也会缓慢地发生变化：从 0.003 起（那时地球的轨道几乎是圆形）到 0.077（此时地球轨道最扁长，跟火星轨道相似）。现在地球的偏心率在逐渐减少；24000 年后将减少到 0.003；然后就开始变大，一直持续 40000 年。这样缓慢的变动，对我们来讲，只有在理论上才是有意义的。

1.15 我们什么时候离太阳更近些：中午还是傍晚？

假如太阳沿着真正的圆形轨道运行，太阳就在这个圆形轨道的中心，那么回答上述问题就应当很简单：我们在中午的时候离太阳较近些，因为那个时候由于地球的自转运动，地球表面上的点正好朝向太阳。位于赤道上的各点，这时跟太阳的距离比黄昏的时候近 6400 千米（地球半径的长度）。

但是地球的轨道是椭圆形的，太阳位于它的焦点上（图 22）。因此，地球有时候离太阳较近，有时候较远。上半年（1 月 1 日到 7 月 1 日）地球逐渐远离太阳；下半年，它又慢慢向太阳靠拢。最大距离与最小距离之间的差别达到 $2× \frac{1}{60} ×150000000$ 千米，也就是 5000000 千米。

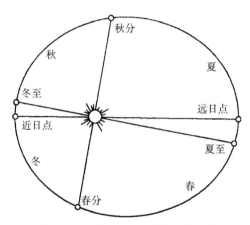

图 22 地球绕太阳公转的轨道略图

这个距离变化，平均每昼夜大约 30000 千米，因此，从中午到日落（一昼夜的 $\frac{1}{4}$）地球表面各点离太阳的距离，平均变化大约是 7500 千米，这比地球围绕地轴自转所形成的距离变化大一些。

因此，对上面提出的问题，应当这样回答：从 1 月到 7 月的时间内，我们中午比傍晚离太阳近一些，而西欧从 7 月到 1 月的情况则刚好相反。

1.16 再远一米

【题】地球在相距 150000000 千米的地方绕太阳运行。假设这个距离增加 1 米，那么地球绕太阳运行的路程会增加多少？一年的时间长短又会再增加多少（假设地球围绕太阳运行的速度不变）（图 23）？

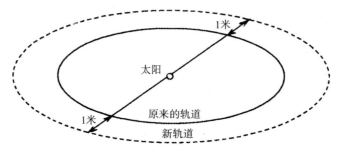

图 23　如果地球跟太阳的距离增加 1 米，地球轨道会增加多少？

【解】1 米这个数值本身并不大。但是如果我们想到地球的轨道是很长的，那么就可能会认为，增加的这 1 米会给地球轨道长度增加极其显著的数值，因而一年的时间也会增加不少。

然而，通过计算我们发现，由此产生的结果几乎很小，甚至会怀疑我们是不是算错了。事实上也没有什么值得奇怪的，因为这个结果本身就应当这么小。两个同心圆的圆周长度差，并不跟这两个圆的半径大小相关，而是取决于它们的半径差。如果我们在屋里地板上画两个圆，假设它们之间的半径相差 1 米。那么它们的圆周长度的差和宇宙中那两个巨大的圆周长度差也是一样的。我们可以用计算来证明这一点。如果地球轨道（假定是圆形）的半径等于 R 米，那么它的周长就是 $2\pi R$ 米。现在把半径增加 1 米，新轨道的长度就应当是 $2\pi(R+1)=(2\pi R+2\pi)$ 米，因此，增加的长度是 2π 米，也就是 6.28 米，这和它的半径大小无关。

所以，如果地球相距太阳的距离增加 1 米，那么地球绕太阳的轨道也增加 6.28 米。由于地球围绕太阳运行的速度是每秒钟 3000 千米，这个长度对地球的运行是不会产生什么影响的。因此，一年中只增加了 $\frac{1}{5000}$ 秒的时间，这个数值显然不会被人们所察觉。

1.17　从不同的角度来看

一件东西从手里掉落下去，你看到这件东西沿垂直路线落到地面。如果有人告诉你，在另外一个人眼里，这件东西下落的路线并非直线，你或许会感到奇怪。然而，如果一个观察者并没有和我们一样跟着地球转动，那么他看到的的确不是直线。

现在我们想象一下有这样一位观察者看到一个下落的物体。图 24 中表示的是一个重球从 500 米的高空自由落下。这个重球在下落的过程中，当然同时也参与了地球的运动。我们之所以感觉不到这个下落的物体的这些极快的附加运动，那只是因为我们本身也参与了这些运动。如果我们能都不受地球运动的影响，那我们就会发现，落下的物体不是垂直运动，而是沿着完全不同的路线下落了。

假设我们不是从地面，而是从月球表面来观察物体的下落。月球跟地球一道沿着太阳运行，但是它并不跟着地球绕地轴旋转。因此，如果从月球上观察下落的物体，我们就会看到物体在进行两种运动：一种是垂直向下；另外一种是向东沿着跟地面相切的方向运动，后一种运动是我们以前不曾发现的。当然，这两种同时进行的运动可以用力学定律合起来；因为下落运动是不等速的，而另外一项运动是等速的，所以合起来的运动轨迹一定是曲线。图 25 中的曲线，就是从月球上看到的地球上的物体所经过的路线。

我们进一步来探讨这个问题：假设我们带着极其强大的望远镜，从太阳上观察我们的重球在地球上做自由落体运动。由于我们处在太阳上，所以我们不参与地球绕地轴自转，同时也不参与地球绕太阳公转。这样的话，从太阳上我们就会看到物体下落过程中同时进行着的三项运动：

图 24　对位于地球上的观察者来说，自由下落的物体是沿直线运动的。

1）朝地球表面垂直运动；

2）朝东跟地面相切的方向的运动（图26）；

3）围绕太阳的运动。

第一项运动垂直落下 0.5 千米；第二项（物体落下的时间是 10 秒），按照莫斯科的纬度计算，等于 0.3×10=3 千米；第三项运动最快（每秒钟 30 千米），因而在物体下落的 10 秒钟内，它围绕地球轨道移动了 300 千米。这项运动和前两项（向下 500 米，向一侧 3 千米）比较起来是很

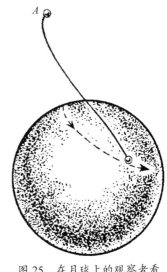

图 25　在月球上的观察者看来，这条路线是曲线状的。

明显的。但由于我们是位于太阳上，所以我们只会注意到最显著的运动。那么这种情况下，我们会看到什么呢？我们看到的情况大致如图 27 所示（这里没有比例尺）。地球向左运动，而下落的物体从地球上右面的一点移动到左面的一点（只是稍微向下运动了些）。我们还说了图上没有比例尺：因为地心在 10 秒钟内只移动了 300 千米，而不是 10000 千米。

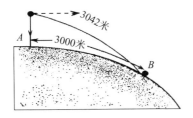

图 26　地球上自由下落的物体，还要沿着跟地面相切的方向运动。

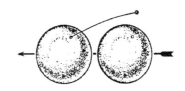

图 27　从太阳上观察图 24 中所示的地球上垂直下落的物体（没有注意到比例尺）。

我们再进一步来探讨这个问题：假设我们在另一个星球，也就是别的太阳上，此时我们摆脱了我们那个太阳的运动。我们会发现，除了前面说

到的三种运动，落下的物体还有第四种运动：相对于我们所处的星球的运动。这第四项运动的方向和大小，要根据具体的星球而定，也就是要看整个太阳系跟这个星球的相对运动情况如何。图28中是一种假定的情况：从我们所选定的星球来看，太阳系的运动跟地球轨道相交成一个锐角，运动速度是每秒钟100千米（事实上，这样的速度是存在的）。因此这项运动在10秒钟内就会把下落的物体沿着它的运动方向带走1000千米，这样物体的运动路线就会更加复杂。如果我们再换一个星球，那么物体的运动路线又会是另一种情况了。

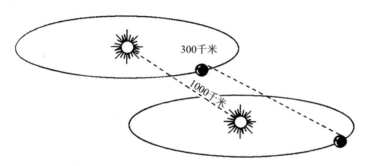

图28　从遥远的星球上观察地球上物体下落的路线。

我们还可以提出这样的问题：如果观察者位于银河系之外，那么地球上落下的物体的路线又会是怎样的呢，要知道这时候观察者并不参加我们银河系跟别的宇宙之间的相对运动。但事实上我们没必要想得那么远，因为现在读者已经很清楚了，角度不同，同一物体落下的线路也会是完全不同的。

1.18　非地球时间

你工作了一个小时，休息了一个小时。这两个时间是不是相等的呢？

大多数人会回答说，如果使用最好的钟表来测定时间的话，那当然是相等的了。那么，什么样的钟表我们才认为是准确的呢？当然是根据天文观测来校准的钟表是最准确的。换句话讲，跟地球完全匀速旋转运动相符合的表是最准的：它在绝对相等的时间内，旋转的角度都是相等的。

但是，怎么知道地球是匀速旋转的呢？为什么我们相信地球连续两次自转的时间是相等的呢？如果我们采用地球的自转来测量时间的话，那是无法回答这个问题的。

近年来，一些天文学家认为，最好能用别的测量时间的标准来代替那种自古以来就认为地球是匀速自转的方法。我们就来阐述一下这种改变的理由和结果。

通过仔细研究天体的运动，我们发现，某些天体并不像理论上所指出的那样运动，可是这种差别又不能用天体力学的规律来解释。像这种无法解释的差别，已经发现的就有月球、木星的第一和第二卫星以及水星，甚至还有太阳的视周年运动，也就是我们自己的地球沿着轨道公转的运动。例如：月亮跟它理论上的路线的角度偏差在某些时候就达到 $\frac{1}{4}$ 分。对这些不正常的情况进行分析，我们发现了它们之间的共同点，即所有的运动在某时候会加快，接下来又在某一时期慢了下来。这里我们自然就会产生这样的想法：这些偏差是不是同一个原因引起的呢？

这个共同的原因是不是就在于我们那只自然钟的"不准确性"？是不是就在于地球的自转实际上并非是匀速的呢？

曾经有人提出过改变地球钟的问题。"地球钟"曾被暂时放弃，而改用其他的自然钟来测量所需要研究的运动。其他的自然钟则指的是根据木星的某一个卫星或者根据月球或水星的运动。事实证明，这样的变换，对上述各种天体运行的准确性方面可以立刻得到令人满意的结果。然而，使用新的钟表所测定出来的地球的自转却不再是匀速的了：它在几十年内稍微变慢了些，在接下来的几十年内又会变快，然后再慢下来。

1897 年的一昼夜比之前的年份长 0.0035 秒，而在 1918 年，一昼夜的时间比 1897 年至 1918 年期间短 0.0035 秒。我们现在的一昼夜比 100 年前要长约 0.002 秒。

因此我们可以说，即便是我们这个太阳系中的某些天体的运动是匀速的，但地球相对于它们的运动来说也不是均匀的。和严格意义上的匀速运动比较而言，地球运动的偏差是很小的：从 1680 年至 1780 年，地球自转得慢，昼夜变长了，地球在"自己的"和"外来的"事件之间的差额累积达到 30 秒钟；接下来到 19 世纪中叶，日子变短，这个差额缩小了 10 秒；到 20 世纪初，这个差额又减少了 20 秒；20 世纪前 25 年，地球运动再次变慢，昼夜再次变长，因而这个差额又累积到大约 30 秒（图 29）。

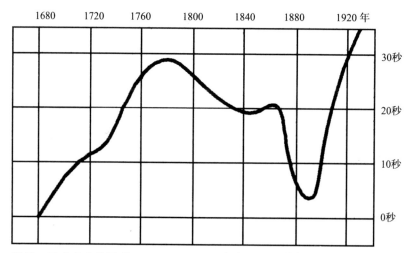

图 29　图中的曲线说明，从 1680～1920 年期间，地球自转运动相对于匀速运动的变化情况。如果地球匀速转动，那么图中就应当是一条水平线。曲线上升表示一昼夜时间变长，也就是地球自转变慢；曲线下降表示地球自转加快。

这种变化可能有几种原因：月球的引潮力；地球直径的改变等 ①。这个现象如能在将来得到全面的解释，将会是一个重要发现。

1.19　年月从何时开始？

莫斯科的时钟敲了 12 下——元旦来临了。但是莫斯科以西的地方还是除夕，而莫斯科以东的地方已经是元旦了。由于地球是球形，因而东和西就不免会相遇，也就是说，应当有这样一个地方，它是新年与除夕的分界线，是新年与旧岁的分割处。

这个分界是存在的，叫做"日界线"。它通过白令海峡，弯弯曲曲地在 180° 经线附近穿越太平洋，它的精确方向是由国际协定来规定的。

这是一条想象出来的线，它穿越太平洋。在这条线上开始地球上月日的交替。那里好像安装着我们的日历的大门，一切新的日子都从这里开始，新年也从这里开始，再没有别的地方比这儿更早进入到一个新的日子。日子从这儿诞生，然后奔西去，环绕地球一周，重新回到诞生的地方，最后消失。

苏联比世界上任何一个国家都要早些进入新的一天：任何一个新的日子从白令海峡水中诞生之后，马上就在苏联的杰日尼奥夫角进入居民生活，然后开始它的环球航行。也就是在这个地方，在苏联亚洲部分最东的地方，日子完成它 24 小时的任务之后消失。

就是这样，日子的交替在日界线上进行。最初那些周游世界的冒险家，并没有确定这条线，所以把日子搞混了。一个跟麦哲伦一同周游世界的安东尼·皮卡费达，曾这样描述过他的环球航行：

① 如果采用直接测量的方法，至多能精确到 100 米，这样就测不出其地球直径的改变了，但只要地球的直径增减几米，就足以引起这里所说的地球自转速度的变化了。

"7月19日，星期三，我们看到绿角岛，就抛下了锚……为了搞清楚我们的航行日志是否正确，我们派人到岸上打听今天是星期几。岸上的人回答说是星期四。这让我们很吃惊，因为根据我们的日志，今天才星期三。我们觉得无论如何也不会错一天。

后来我们了解到，我们的计算没有什么错误。但是我们一直追随着太阳的运动向西航行，当回到原地的时候，应当比留在原地的人少过了24小时。只有想到这一点，才会明白岸上的人和我们都没有错。"

那么现在的航海家驶过日界线的时候是怎么做的呢？为了不把日子搞错，他们如果是由东向西航行，经过这条线的时候就把日子往前算一天；如果由西向东穿过这条线，就需要把日子重复算一天，也就是说1号之后还是1号。由此可见，儒勒·凡尔纳在小说《八十天环游世界记》中所讲述的故事实际上是不可能的。书中讲述说，冒险家周游了世界回到自己的故乡，时间是星期日，而那里还是星期六。这种情况只有在麦哲伦时代才会有，因为那时候还没有关于日界线的协定。爱伦·坡所讲的笑话"一个星期有三个星期日"的情况，在我们这个时代也是不可能的。这个笑话是这样的：一个水手从东往西周游世界归来，在故乡碰见自己的好朋友，他也刚刚完成从西往东的环球航行。他们其中一个说昨天是星期天，另一个却说明天才是星期天，而他们留在故乡的朋友说，今天是星期天。

如果想要在周游世界的时候不搞错时期，那么，往东走就应当在计算日子的时候稍微慢一些，让太阳赶上我们，也就是把同一天计算两次。相反，如果向西走，就需要跳过一天，才不至于落后于太阳。

所有这些东西看起来并不十分玄妙，但是在距离麦哲伦已经400多年后的今天，也不是所有人都明白了的。

1.20　2月有几个星期五？

【题】2月里最多可能有几个星期五？最少有几个？

【解】一般情况下，人们会这样回答：2月里最多有5个星期五，最少有4个。毫无疑问，如果闰年的2月1日是星期五，那么29日也是星期五，这样一共是5个。

但是，2月里星期五的数目可能会是这个数的两倍之多。假设有一只船航行于西伯利亚东海岸和阿拉斯加之间，并且经常在星期五的时候从亚洲海岸出发。如果这一年是闰年，2月1日是星期五，那么这只船的船长在这个月里会碰到多少个星期五呢？由于他是由西往东在星期五的时候越过日界线，那一周内就会碰上两个星期五，因而整个2月里头就会有10个星期五了。相反，如果船长每逢星期四从阿拉斯加出发，前往西伯利亚海岸，那么在计算的时候恰好就跳过星期五，这样的话，这位船长在整个2月里连一个星期五都不会碰上了。

因而，这个问题的正确答案是：2月里最多有10个星期五，最少有0个。

第二章　月球和它的运动

2.1 是新月还是残月？

看到天上出现的一轮弯月，不是每个人都能正确无误地指出它是新月还是残月。新月和残月的区别只在于它们凸出的方向不同。北半球的新月总是向右凸出，残月总是向左凸出。那么，我们怎么才能正确地分辨出我们看到的是新月还是残月呢？

下面我给大家介绍这样一个事例。

根据月牙和字母 P 和 C 的相似性，我们可以简单地区分出所见的是新月还是残月（图 30）。

法国人也有自己的记忆法。他们的方法是：在头脑中想象出一条连接弯月两角的直线，这样就得到拉丁字母 d 或者 p。字母 d 是法文 dernier（意思是后）的第一字字母，可以用来表示残月；字母 p 是法文 premier（意思是第一）的第一个字母，可以帮助我们联想到新月。德国人也使用将月亮的形状和字母联系起来帮助记忆的方法。

不过这些方法只适合在北半球使用。在澳大利亚或者德兰士瓦，情况恰恰相反。就算是在北半球，在靠近赤道的地区，上面的方法都不适用。在克里米亚和外高加索地区，弯月已经斜卧得很厉害，在更往南的地区，它就完全横卧着。赤道附近的弯月，就如同挂在地平面上，有时候像在波浪上漂浮的小舟（阿拉伯故事里有"月亮的梭子"一说），有时候像是发光的拱门。这里无论是俄语还是法语的字母都不

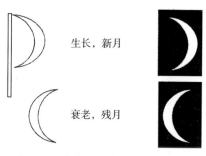

生长，新月

衰老，残月

图 30 区分新月与残月的简便方法。
Растущий 有生长的意思；
Старый 的意思是衰老。

再适用。难怪古罗马人把斜月叫做"虚幻的月亮"。这种情况下就需要使用天文学上的方法来确定是新月还是残月：黄昏时出现在西方天边的是新月；清晨出现在东方天边的是残月。

2.2　月亮的位相

月亮的光来自于太阳，因此弯月凸出的一面自然应当朝向太阳，但画家们经常会忘记这一点。画展上经常会见到这样一些风景画（图31）：弯月呈平面状态朝向太阳；弯月的两角朝向太阳。

当然应当指出，要正确地画出一轮弯月并不是一件简单的事情。甚至有经验的画家也会把弯月内弧和外弧都画成半圆形（图32b）。实际上只有弯月的外弧是半圆形，内弧是月球受到日光照亮的那部分圆形边缘的投影（图32a）。

弯月在天空的位置也不容易确定。

图31　这张风景画上有一点天文方面的错误，错在哪里？

半月与弯月之间的位置也常常令人疑惑不解。由于月亮是由太阳照亮的，所以按理来讲，如果在月亮的两角之间画一条直线，再从太阳画一条直线与这一条直线的中点连接起来，这两条直线相交所成的角应当是直角（图33）。换句话说，太阳的中心应当位于连接月亮两角的线段的中垂线上。但实际上只有极狭的娥眉月才是这样的情况。图34所示的是月亮在不同相位时和太阳光线的位置。从图上可以看出，太阳光线投射到月亮上之前好像已经发生了折曲。

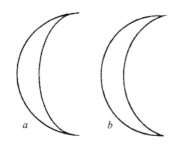

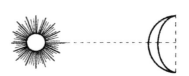

图 32　正确（*a*）与错误（*b*）的弯月。　　　　图 33　弯月与太阳的相对位置。

　　为什么会出现这样的情况呢？答案是这样的：从太阳射到月亮上的光线，确实是垂直于连接弯月两角的那条线，这两条线在空间中是呈直线的。但是我们的眼睛看到的天空中的并不是这一条直线，而是这条线在天球圆穹上的投影，也就是一条曲线。这就是为什么我们会觉得，天上的月亮的位置似乎有些不对。画家应当研究这些特点并将其正确表现在画布上。

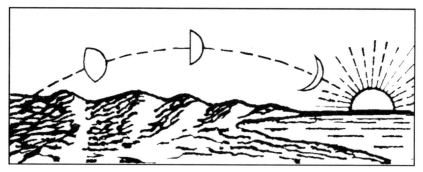

图 34　我们所看到的位于不同相位的月亮跟太阳的相对位置。

2.3　孪生行星

　　地球与月亮可以说是一对孪生行星。之所以这样称呼它们，是因为地球的卫星和其他行星的卫星比较起来有个特别的特点，也就是月亮和地球的相对大小和相对质量都很大。太阳系中也有一些卫星，就绝对大小和绝对质量来讲都比月亮要大，但是它们跟所从属的行星的相对大小和相对质量来讲，却都比月球和地球的相对比例要小得多。事实上，月亮的直径大约是地球直径的 $\frac{1}{4}$ ，而别的行星的最大相对卫星——海王星的卫星特里屯直径只有海王星的 $\frac{1}{10}$ 。此外，月亮的质量等于地球质量的 $\frac{1}{81}$ ，而太阳系中最重的卫星木星的第三个卫星的质量还不到木星的 $\frac{1}{1000}$ 。

几个大卫星和它们所从属的行星质量上的比率见下表：

从这张表格可以看出，月亮在质量上跟所从属的行星——地球的比率，比别的卫星都大。

行星	卫星	卫星质量和行星质量比率
地球	月亮	0.0123
木星	甘尼密德	0.0008
土星	泰坦	0.00021
天王星	泰坦尼亚	0.00003
海王星	特里屯	0.00129

我们将地球和月亮称作是一对孪生的行星的另一个理由是，这两个天体的距离很近。其他行星的许多卫星都跟它们所从属的行星相隔很远，例如木星的第九卫星（图 35）距离木星的距离是月亮距离地球距离的 65 倍。

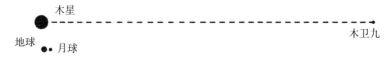

图 35　月球离地球远近跟木星的卫星离木星远近的比较。
（天体本身的大小并没有按照比例来表示）

与此相关的还有一个有趣的事实，即月亮围绕太阳运行的路线和地球的运行路线差别极小。如果大家设想一下，月亮是在距离地球差不多

400000 千米的地方围绕太阳旋转的，那么一定会觉得上面这个话是不可信的。但我们不要忘了一点，当月亮围绕太阳运行一周时，地球带着它走过了它一年内运行的路程的 $\frac{1}{13}$，也就是 70000000 千米。月亮绕地球的圆形线路约长 2500000 千米，假设将这个路线拉大 30 倍的话，那这个圆形的路线会是什么样子呢？——将不再是圆形的了。这就是为什么月球绕行地球的路线几乎能和地球自身的轨道重合，只有 12 段明显突出的部分。通过一个简单的算法就可以证明，月球线路也是向太阳突出的（此处我们不再赘述这个算法）。简单地说，它从形式上很像一个带有圆角的十二边形。

图 36 是地球和月亮在 1 个月中所走的路线图。虚线代表地球运行路线，实线代表月球路线。这两条路线彼此十分相像，我们如果想要把它们分割开来，得用极大的比例尺才行：图 36 中，地球轨道的直径等于 0.5 米。假设我们将地球直径画成 10 厘米，那么这两条路线之间的最大距离会比我们所画出的线段还要窄。看了这张图，大家应该就会确信，地球跟月球差不多是按照相同的路线围绕太阳运转的，因此，天文学家们将它们称作"孪生行星"是极其合理的[1]。

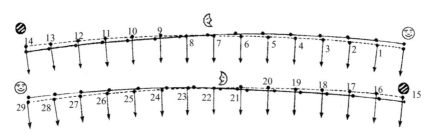

图 36 地球（虚线）和月球（实线）在 1 个月中绕太阳所走的路线。

[1] 仔细观察图 36，可以看出，图中并没有把月球的运动画成绝对匀速运动，实际上也是如此。月球绕地球运行的轨道是椭圆形，地球位于这个椭圆形的一个焦点上。因此，按照多普勒第二定律，它在离地球较近时比距离地球较远时运行得快一些。月球轨道的偏心率很小，为 0.055。

因此，相对于一个位于太阳上的观测者来讲，月球的运行线路应当是一条差不多和地球轨道重合的但又略微呈波浪状的线条。这跟月亮围绕地球沿着一个不大的椭圆形轨道运转并不冲突。

原因当然在于，我们在地球上观察不到月亮跟着地球在地球轨道上一同前进的运动，因为我们自己也在进行这样的运动。

2.4　为什么月亮不会掉到太阳上去？

这个问题似乎显得有些幼稚，月亮为什么要掉到太阳上去呢？要知道月球离地球近、离太阳远，地球对它的引力应该比太阳对它的引力强，理所当然，月球应当被地球所迫而绕着它转。

然而，有这种想法的读者不要吃惊，因为实际的情形恰好相反：对月亮的吸引力更大的是太阳而不是地球！

这是可以用计算来证明的。我们现在来比较太阳和地球对于月亮的引力大小。这两个吸引力的大小都是由两个因素决定的：吸引月球的物体的质量和这个物体距离月球的距离。太阳的质量是地球质量的 330000 倍；假定两者与月亮的距离相等，那么太阳对于月球的吸引力就应该是地球对月球的吸引力的 330000 倍。但实际上月亮距离太阳的距离是它距离地球距离的 400 倍。由于引力跟距离的平方成反比，所以太阳对月球的引力应当是 330000 的 $(\frac{1}{400})^2$，也就是 $\frac{1}{160000}$ 倍。由此可见，太阳对于月球的引力应当是地球对月球引力的 $\frac{330000}{160000}$ 倍，也就是 2 倍多。

因此，月球受到的来自太阳的引力是来自地球引力的两倍。那为什么月球没有被太阳吸引过去呢？为什么地球还能让月球围绕它旋转呢？为什么太阳的作用反倒占不了上风呢？

原来，月亮不会掉到太阳上去的原因，跟地球不会掉到太阳上去的原因是一样的。月球和地球一起围绕太阳运转，太阳的引力就全部用来把这两个天体从它们本来想要依直线前进的路线上拉到它们现在的轨道上来，也就是说把直线运动变成了曲线运动。这点可以从 55 页图 36 上看出来。

可能还有些读者会有疑问。这一切都是怎么产生的呢？地球把月球吸引到自己这边来，太阳却用更大的力量把它拉到它那边去，而月球为什么不掉落到太阳上去，却偏偏要围绕地球运转呢？假如太阳只是吸引月球的话，这确实是一件很奇怪的事情。但实际上，太阳同时吸引着月球和太阳，拉着这对"孪生的行星"，也就是说它并不干涉这一对天体的内部关系。严格地说，太阳所吸引的是地球和月球这两个天体合在一起的整个系统的重心；在太阳引力作用下围绕太阳旋转的也正是这个重心。这个重心的位置在地球中心跟月球中心的连线上，距离地球中心相当于地球半径 $\frac{2}{3}$ 的地方。地球的中心和月亮都要围绕这个重心运转，每个月转一周。

2.5　月亮看得见的一面和看不见的一面

用立体镜来观看各种物体，最引人入胜的要算是看见月球的形状了。在立体镜里，你会亲眼看见，月亮是真正的球形。而我们在天空中所看见的月亮却是平面状的，就如同一个茶具托盘。

可是要得到月亮的实体相片却是极其困难的，这或许是许多人都不曾想到的。要拍摄这种照片，就必须对月球变幻莫测的运动规则有深刻的了解。

实际上，月球围绕地球运转的时候，始终是以同一面朝向地球，并且在绕地球运转的同时，它还绕着自己的中轴运动，而这两种运动都是在同一时间段内完成的。

在图 37 中，大家看到的是月球的运行轨道。图中有意突出了月球椭圆体的延伸度，实际上月球轨道的偏心率为 0.055。在比较小的图形中，肉眼根本无法将其轨道同圆形区分开来：就算将长半轴画成 1 米，短半轴也只比它短 1 毫米，而地球距离月球轨道中心的距离也只有 5.5 厘米。图中有意突出椭圆体的延伸度，是为了使得接下来的叙述更容易理解。

因此，我们假设图 37 中的椭圆就是月球围绕地球运转的路线。地球位于 O 点——椭圆的一个焦点处。开普勒定律不仅适用于行星围绕太阳的运动，同时也适用于卫星围绕行星的运动，尤其适用于月亮的运动。根据开普勒第二定律，月亮在一个月的 $\frac{1}{4}$ 的时间内走过的路程是 AE，因此图形 $OABCDE$ 的面积等于整个椭圆面积的 $\frac{1}{4}$，也就是等于图形 $MABCD$ 的面积（此图中，MOQ 面积 $=DEQ$ 面积，则 $MOQ+OABCD=DEQ+OABCD$，即 $MABCD=OABCDE$）。因此，在一个月的 $\frac{1}{4}$ 的时间内，月亮从 A 点运行到 E 点。同其他行星的自转一样，月亮的自转和它们围绕太阳的公转不同，自转都是匀速的：在一个月 $\frac{1}{4}$ 的时间内，它们旋转了刚好 90°。所以，当月球位于 E 点时，它从 A 点围绕地球旋转的半径范围是一个大于 90° 的弧形，因此其投射点并不是 M 点，而是 M 点左边的某点，这一点距离月亮轨道的另一个焦点 P 点不远处。由于月亮表面稍微偏离了地球上的观测者，因此观测者能看到它右半部分原来看不见的一小部分，即呈眉样的边缘。月亮位于 F 点时，观测者可以见到平时看不见的部分的更窄的一部分，因为 $\angle OFP$ 比 $\angle OEP$ 小。在 G 点——月球轨道的远地点，月球相对于地球的位置和位于近地点 A 时相同。在接下来的运动中，月球面向地球的是它的另一端，地球上的观察者就可以看到它不

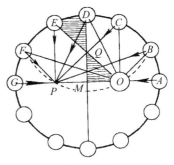

图 37 月球围绕自己的轨道绕地球运转。

可见部分的另一小部分：这部分开始时逐渐扩大，然后慢慢缩小，在 A 点的时候月亮又恢复了原来的位置。

我们认为，由于月亮的轨道是椭圆形的，月球朝向地球的那一面不会始终完全相同。月球不是始终以相同的一面朝向地球，而是朝向它轨道上的一个焦点。在我们看来，月亮像是在围绕天平上一个中心位置来回摇摆；这种摇摆在天文学上称作"天平动"。天平动的大小是用相应的角度来测量的，例如：E 点的天平动等于 $\angle OEP$。最大的天平动接近 8°，为 7°53′。

让我们来观察天平动的角是如何随着月球在轨道上的移动而增加或者减小的。以 D 点为圆心，用圆规画一条弧线通过 O 和 P 两个焦点，这条弧线在 B 和 F 点与轨道相交。$\angle OPB$ 和 $\angle OFP$ 两个角都等于 $\angle ODP$ 的一半。在 B 点时达到最大值的一半，然后开始慢慢增加。在从 D 点到 F 点的轨道上，天平动开始慢慢减少，接着减小的幅度增大。在椭圆轨道的下半段，天平动大小的改变情况和上半段一样，不过方向相反（在轨道各点上天平动的大小，大约跟月球距离椭圆形长径的距离成正比）。

我们刚才谈论的是月球的"经天平动"。月球还有一种"纬天平动"。月球轨道的平面跟月球赤道的平面呈 $6\frac{1}{2}$°的角。因此我们从地球上观察月球时，在某些时候可以从南面略微瞥见一点月球不可见的那一面，在某些时候又可以从北面瞥见它一点。这种纬天平动最大为 $6\frac{1}{2}$°。

现在我们来分析天文摄影家是如何利用月球的这些微摆来拍到它的实体相片的。读者们或许已经猜到，要得到月亮的实体照片，必须选择两个这样的月球位置：当它位于一个位置时，相比于另一个位置，它已经转过了一个足够大的角。例如 A 点和 B 点，B 点和 C 点，或者 C 点和 D 点等等，这类适合拍摄月球实体照片的点很多。但是我们又遇到了新的难题：在这些位置的时候，月球的位相在 1.5～2 昼夜的时间内相差太大，使得月亮发光部分的边缘在照片上所呈现的并非是阴影，这对实体照片来说是不应当存在的（这一边缘会如银子般发亮）。由此就出现了一个难题：拍照者需要守候一段时间，才可以拍到相同相位的月亮相位。这些相位的经天平动在大小上应当使得发光部分的边缘通过同样的月面才行。此外，前后两次月面的纬天平动也必须完全相同。

现在大家可以明白了，要得到一张很好的月亮实体照片是多么困难了。因此，如果大家听说一对实体照片中的一张常常需要在另一张拍摄成功之后好几年才能拍成，也就不会感到惊奇了。

我们的读者不见得会去拍摄月球的实体照片。我们之所以在此对这种照片的拍摄方法加以说明，自然并非抱着某种实用的目的，而是为了让大家明白月球运动的一种特性，让天文学家有机会看到平常见不到的月球的那一面的一小部分。由于月亮有两种天平动，因此总的来说，我们所看见的就不只是月球的一半，而是它的59%，完全看不见的部分是41%。谁也不知道我们所看不见的部分是怎样的构造。我们只能推测它和月亮可见的一面不会有很大的差别[①]。天文学家也曾尝试着把月球上的山脉从看得见的一面向后延长，试图借此而画出看不见的那一面上的某些细节来。不过这些想象中的事实是否属实，我们现在还无法加以证实。在此我们只说"现在"，不说将来，因为人们那时候已经可以乘坐一种可以克服地球引力飞入太空的特别飞行器，飞到月球上去，这一大胆的设想在不久的将来就可以实现了。此外，目前我们已经明白了一个事实：在月球的看不见的那一面有空气和水的假设是完全没有根据的，因为这跟物理学规律相矛盾。既然月球的这一面没有空气和水，那一面当然也不会有（我们在后面还会谈到这一点）。

[①] 现代空间探测证实，月球背面占优势的结构主要是色调明亮的高地，这与月球正面存在巨大差别。这个现象的成因，尚属未解决的谜题。——编者注。

2.6　第二个月亮和月亮的月亮

报纸上不时会出现这样的消息：某个观测者成功地观测到了地球的第二颗卫星，即第二个月亮。虽然这样的消息从未得到证实，但这个话题还是很有意思的。

关于地球的第二颗卫星的存在问题并非新鲜事，这是一个有着很长的历史的问题。读过凡尔纳的《环游月球记》的人也许都记得，书中就提到过第二个月亮。这个月亮很小，速度很大，所以地球上的人看不到它。凡尔纳说，法国天文学家蒲其曾猜测过它的存在，并且将它绕行地球的周期确定为 3 小时 20 分钟。地球的这颗卫星距离地球表面的距离是 8140 千米。有趣的是，英国《知识》杂志在一篇谈到凡尔纳所说的天文学的文章里，认为所谓的蒲其的发现，甚至蒲其本人，都纯属虚构。事实上，在任何一本百科全书中都没有提到过这位天文学家。图卢兹天文台的台长蒲其在 19 世纪 50 年代确实认为存在第二个月亮。那是一颗围绕地球一周需要 3 小时 20 分钟的流星，不过它距离地球表面的距离不是 8140 千米，而是 5000 千米。当时也只有少部分天文学家同意这种说法，后来就完全被遗忘了。

理论上来讲，假设存在这样一个卫星，是跟科学没有一点冲突的。不过这类天体应当不只是在它经过（亦即我们看到它们好像经过）月面或者日面的时候才能被观察到。

就算这样的天体位于距离地球十分近的地方，以至于它的每一次运转都淹没在地球广阔的阴影里，但在黎明和黄昏的时候，总是可以在天空熹微的阳光中看见它是一颗发亮的星星的。它运转迅速，过往频繁，因此一定会引起很多人的注意的。日全食的时候，第二个月亮也一定逃不过天文家们的眼睛。

总之，地球如果真的有第二颗卫星的话，人们一定会经常见到它的。然而人们确实一次也没有见到过它的出现。

除了第二个月球的问题之外，还有一个问题是：我们的月球是不是一定没有它自己的小卫星或者月球的月球呢？

但是要直接证明月球也有卫星，是一件非常困难的事情。天文学家穆尔顿说过这样的话：

> "满月的时候，它的光或者太阳的光都会使人们看不清它附近的极小的天体。只有在月食的时候，月球附近的天空不会受到漫射的月光的影响，月球的卫星才有可能被太阳照亮。因此，只有在月食的时候才能指望看到环绕月球的小天体。然而人们已经做过这一类的探测了，但没有得到任何实质性的结果。"

2.7 月球上为什么没有大气？

有些问题如果先把它倒过来说明一下，就很容易说清楚。月球上为什么没有大气就属于这一类问题。在回答为什么月球不能将大气留在自己的周围之前，我们先考虑这样一个问题："为什么地球周围环绕着大气？"我们知道，和一切气体一样，空气由各种彼此不相关的分子组成，这些分子向各个方向急速运动。在温度为0℃时，它们的平均速度大约是每秒钟0.5千米（相当于手枪子弹的速度）。为什么这些分子不会扩散到太空中去呢？原因和子弹不会飞到太空中去一样。分子运动所产生的能量被用来克服地球的引力，因此它们不会飞向太空，而是回落到地球表面。假设在接近地球表面处有一粒分子，以每秒0.5千米的速度垂直上飞。它能飞多高呢？不难算出：假设速度是v，高度是h，地球重力加速度是g，三者之间的关系是：

$$v^2=2gh$$

代入数字，$v=500$ 米 / 秒，$g=10$ 米 / 秒^2

可得

$$250000=20h,$$

因此

$$h=12500 \text{ 米}=12.5 \text{ 千米}。$$

但是，如果空气分子的飞行高度不超过 12.5 千米，那么在这个高度以上的空气分子又来自何处呢？要知道，大气中的氧气是在接近地面的地方形成的。是什么力量将空气分子抬高到 500 千米以上高空的呢？这个问题就如同下面这个问题一样："人类的平均寿命是 40 岁，那么 80 岁的老人是从哪里来的呢？"一个统计学家对这个问题的回答方式，和一个物理学家回答我们所提出的问题一样。原来，我们的计算方式针对的只是平均分子，而不是具体的分子。平均分子的每秒钟的运动速度是 0.5 千米，而具体的分子有的比这运动得快，有的运动得慢。高于或者低于平均速度的分子所占的比例并不大，并且随着与平均速度的差数增大，分子所占的比例迅速减少。在 0℃ 时，一定体积的氧气中只有 20% 的分子速度是每秒 400 ～ 500 米；速度在每秒 300 ～ 400 米的分子所占的比重也是 20%；速度为每秒 200 ～ 300 米的分子占 17%；9% 的分子速度为每秒 600 ～ 700 米；8% 的分子速度是每秒 700 ～ 800 米；另外还有 1% 的分子以每秒 1300 ～ 1400 米的速度运动。还有很小一部分分子（不到百万分之一）的速度为每秒 3500 米，而这个速度足以使分子飞到 600 千米的高度。由上面的公式我们可以得到

$$3500^2=20h$$

因此，$h=\dfrac{12250000}{20}$ 米

大约等于 600 千米。

这样就可以明白，为什么在距离地面几千米的高空还有氧气分子存在了：这是因为气体的物理特性决定的。但是氧气、氮气、水蒸气和二氧化碳的分子运动速度又都不足以使它们完全脱离地球，因为这里所需的速度至少为每秒钟 11 千米。在温度较低的情况下，上述各种气体中的个别分子才能达到这个速度。这就是为什么地球能吸引住大气层的原因。地球大气中最轻的气体是氢气。据统计，即便要使它减少一半，也得经过无数万年，所需的时间要用 25 位数才能表示出来。因此，地球大气的成分和质量在几百万年的时间内是不会产生什么变化的。

现在只需要几句话就足以讲明白，为什么月球不能留住大气层了。月球上的重力为地球上的重力的 $\frac{1}{6}$，因此，在月球上克服重力所需的速度也只需要地球上的 $\frac{1}{6}$，也就是每秒 2360 米。氧气和氮气分子在不十分高的温度条件下，就能达到这个速度。所以不难明白，月球一定曾经不断地失掉它的大气（如果月球上曾经有过大气的话）。在运动最快的分子离开之后，就会有别的分子获得飞离月球所需的临界速度（这是根据气体分子速度分配定律得出的结论）。这样，大气中一去不复返地消失在太空中的分子就会越来越多。在宇宙演变的漫长过程中，只需要极少的一段时间，全部大气就会离开重力如此小的天体表面。

通过数学演算可以证明，如果一个行星的大气分子的平均速度为临界速度的 $\frac{1}{3}$（相对于月球而言：2360÷3＝790 米／秒），那么，这个星球的大气就会在几周内消失一半（只有大气分子的平均速度小到临界速度的 $\frac{1}{5}$ 的天体，才能吸引住大气层）。

曾经有人认为，地球上的人类访问并征服了月球之后，总有一天会用人造的大气把月球包围起来，使它适合人类居住。大家看了这一节内容之后，一定会明白这并不是件容易的事情。月球上没有大气并不是偶然的，这绝不是自然界随心所欲造成的，而是物理学法则的必然结果。

同理，对其他重力不大的天体来讲，也由于同样的原因，不会有大气包围[1]。

2.8 月球世界的大小

关于这一点，当然用数字来说明最为准确：月球的直径（3500千米）、月球的面积、月球的体积。然而虽然在计算的过程中数字是必不可少的，但要使我们对月球的大小有真正深刻的印象，数字却没有多大的意义。因此，最好还是用具体的比较来说明。

我们先来比较月球上的大陆（月球其实就是一片连绵不断的大陆）和地球上的大陆（图38）。图示的结果比我们抽象地说月球的表面积只有地球的 $\frac{1}{14}$ 要形象很多。用平方千米来表示的话，月球的表面积只略小于南北美洲的面积。而月球朝向地球的那一面，差不多刚好等于南美洲的面积。

为了能清楚地比较月球上的"海"和地球上的海，我们在图39中把黑海和里海按照同一比例画在了一张月球表面图上。这样我们马上就能看出，月球上的"海"虽然占的地方不小，但实际上并不大。比如，澄海（170000平方千米）几乎只有里海的 $\frac{2}{5}$。

然而，月球上的环形山却非常庞大，地球上的山峰是无法与之比拟的。例如格利马尔提环形山所环抱的月面，就比贝加尔湖的面积还大。它能把比利时或者瑞士这样的小国家完全包围起来。

---

[1] 1948年，莫斯科天文学家利普斯基证实，月球上有残存的大气。月球上大气的总质量等于地球大气质量的十万分之一。现代测量学证实，月球上残存的大气密度不超过地球大气密度的一百亿分之一。——编者注

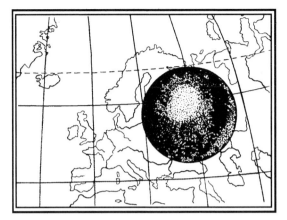

图 38 月球和欧洲大陆的比较。
（但我们不能由此得出结论，以为月球的表面积比欧洲面积小）

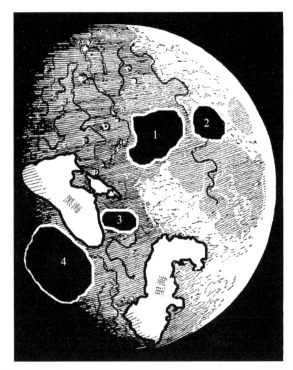

图 39 地球上的海和月球上的"海"的比较：把黑海和里海移到月球上去的话，
会比月球上所有的"海"都大。
（图示：1——云海；2——湿海；3——汽海；4——澄海。）

2.9 月球上的风景

我们经常可以在书中见到月球表面的照片，对于月面那些突起的环形山或者环形口轮廓，每一位读者也许都熟悉（图40）；或许，有的读者已经用不十分大的望远镜观察过这些山了；观察这些山只需要一架直径为3厘米的小型望远镜就可以了。

图 40 月面上典型的环形山。

然而不论是照片还是望远镜，都难以显示出站在月面上的人所见到的月球的情景。如果观察者站在月球上的山体附近，就一定会看到和望远镜中所见的截然不同的景致。从极高的地方观察物体跟在物体附近观察它是完全不一样的。我们用几个实例来说明其中的不同之处。从地球上看来，爱拉托斯芬环形山中间还有一座高山。通过望远镜可以清楚地看出这座山的轮廓。然而，如果我们来看它的侧影时（图41），就可以看到，该环形山的直径很大（大约为 60 千米），中间那座山的高度却很小。由于存在斜坡，所以它的高度就显得更小了。

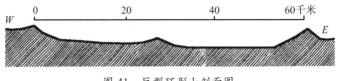

图 41　巨型环形山剖面图。

现在我们设想自己是在这个环形口内散步，同时记住这环形山的直径相当于拉多加湖到芬兰湾的距离。这时，环形山就几乎看不出来了；月面的突起部分掩盖了它较低的部分，因为月球上的"地平线"范围只有地球上的一半（因为月球的直径只有地球短直径的 $\frac{3}{4}$）。一个中等高度的人，站在平地上环顾四周时，也只能看到不超过 5 千米的范围。用地平线距离[①]公式表示为

$$D=\sqrt{2Rh}\ ,$$

此处 D 代表距离，单位为千米；h 代表眼睛的高度，用千米表示；r 是地球的半径，也用千米表示。

将有关地球和月球的数据分别代入这个公式，可以计算出一个中等身材的人能够看见的"地平线"距离：

在地球上是 4.8 千米；

在月球上是 2.5 千米。

图 42 表示的是一个置身于巨型环形山口中的人所看见的画面（这是月球上的另外一个环形山口，叫做阿基米德风景）。这是一片广阔的平原，在地平线上有一带连绵不绝的群山，这和我们平常所设想的"月球上的环形山口"没有一点相似之处！

---

① 关于"地平线"距离的计算，参见本书作者的《趣味几何学》第六章。

图 42　置身于月面上巨型环形山中央所见的景物。

如果观察者来到环形山口的外面，他所见到的仍不是期望的情景。环形山外侧的斜坡（图 41）是如此的平坦，以至于根本看不出它是山。并且，他不能相信这种丘陵地带就是环形山；环形山内部还有一个圆形的盆地。只有越过这些丘陵才能清楚地看出这一点。然而，越过丘陵之后，我们的这位月球"登山运动员"仍见不到一点明显的山体类的东西。

除了巨型环形山之外，月球上还有很多小的环形口；即便是站在附近也可以将其一览无余。但是它们的高度极小，观测者基本难以见到任何别致之处。然而它们都有着同地球上的山体一样的名字：阿尔卑斯、高加索、亚平宁等；它们的高度可以与地球上的山体相媲美，可到七八千米。但由于月球比地球相对较小，因而这些山体在月球上就显得十分高大。

由于月球上没有大气，因而阴影非常清晰，所以从望远镜里可以见到一种有趣的幻景：极小的凹凸会被放大，并呈现出凹凸感极大的现象。试把半颗豆放在桌上，凸面朝上。它大不大呢？请看它那条阴影有多长（见图 43）！

图 43　半颗豆在光线斜照下投射的长影。

月球上的物体也是如此。当日光从侧面照向月球时，物体的阴影常常是物体高度的 20 倍。这一现象给了天文学家很好的帮助：使用望远镜就可以把月面上高度只有 30 米的物体观察出来。但这同样也会使我们有时候把月面上的凹凸料想得过大了。

　　比如说，我们在望远镜见到的派克峰，轮廓十分清楚，这让人不由自主地认为它是一座险峻的山峰（图 44）。从前人们就是这样认为的。然而，如若从月面上来观察它，我们就会看到图 45 所示的另外一幅图景。

图 44　派克峰在望远镜里显得非常险峻。

图 45　在月面上看来，派克峰很平坦。

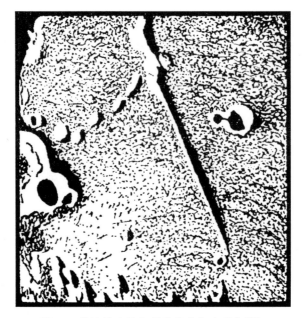

图 46　望远镜里所见到的月面上的"直壁"。

　　另一方面，我们又会低估了月面上的一些地形特征。我们在望远镜里见到月面上有些几乎可以忽略的狭缝，我们会认为它们是月面风景中微不足道的东西。然而假如我们真的来到月面上，就会发现这是一些黑黝黝的深深的沟堑，它们从我们的脚边一直延伸到天边。别的例子还有。月球上有一个叫做"直壁"的地方，它是一些隔断月面平原的直立的断崖。从图46上我们不会想到它有 300 米高。如果站在这种峭壁脚下，我们一定会被它的宏伟所征服。图 47 中所显示的是画家所描绘的从峭壁下方见到的峭壁图景：它的一端一直延伸到"地平线"以外，长度达 100 千米！

　　通过强大的望远镜所见到的月面上的裂口，它们实际上也是一些庞大的洞穴（图 48）。

图 47　站在"直壁"脚下见到的峭壁。

图 48　在月面裂口附近所见到的情景。

2.10 月球上的天空

黑色的天空

如果地球上的人能够来到月球上，首先引起他注意的将会是三种不同寻常的情景。

最先映入眼帘的是月球上白昼的颜色：它不是地球上所常见的青色，而是完全黑色的；天空中点缀着很多星星，同时还有强烈的太阳光照耀着！月球上的天空中的星星都极其明亮，但却并不闪烁，这是因为月球上没有大气的缘故。

法国天文学家佛兰玛理翁用他独特的生动语言描述过：

"蔚蓝色的明澈的天空，黎明时艳红的晨曦，薄暮时壮丽的晚霞，沙漠里令人着迷的美景，田野和草原上远景朦胧；还有你，泛着远处蔚蓝色天空明镜一般的湖水——你们这一切美丽的景色，都是完全得益于那包围地球的一层轻轻的大气。没有这层大气，这些图画、这些美景，一样都不会存在。不会有蔚蓝的天空，取而代之的是一片无边无际的黑色空间。不会有美妙的日出和奇幻的日落，而是昼夜之间的突然交替。在日光照射不到的地方，不会有柔和的光线，而是除了日光直射的地方十分明亮以外，所有别的地方都会被浓浓的阴影笼罩。"

如若地球上的大气稍微稀薄一些，天空就不会那么青了。苏联的平流层飞艇"自卫航空化学工业促进会"号探险者在 21 千米的高空就曾看见头顶的天空差不多是黑色的。上述引用的那一段话里所想象的自然界的景色，正是月球上真实的情景：黑色的天空，没有晨曦和晚霞，有的地方很耀眼，有的地方却是浓浓的阴影。

月球天空中的地球

月球上第二道风景则是高悬于天空中的巨大的地球。当空间旅行者飞向月球时，这个原本在他脚下的地球，现在却意外地出现在头顶上，这种情景往往让路行者备感惊讶。

宇宙中没有唯一的"上"、"下"之分。当我们离开地球来到月球时，就不应当由于见到位于头顶的地球而感到惊讶。

悬挂在月球天空中的地球是极其庞大的一个圆面：它的直径是我们在地球上所见到的月球的 4 倍。这就是月球的旅行者所见到的第三种奇景。如果说地球上的景物在月光下已经被照得足够亮的话，那么在月球的夜空中，由于地球圆面是月面的 14 倍，所以它会显得异常明亮。天体的亮度不仅取决于它的直径大小，还决定于它表面的反射能力。就反射能力来说，地球是月球的 6 倍，因此整个地球表面的光照在月球上时，亮度应当是满月的光照在地球上的亮度的 90 倍[①]。在月球上的"地夜"中，可以阅读字体很小的报刊。月面被照耀得如此之亮，使得在地球上的我们都能在 400000 千米之外看到新月凹面没有被太阳光照亮的部分的朦胧的光。我们设想一下，当有 90 个满月照射着地球，并且此时月球上没有能够吸收光线的大气，这就是月球上的"地夜"的景色。

位于月球上的旅行者能不能看清地球上大陆与海洋的轮廓呢？有一种流行的错误观念认为，月球天空中的地球就像一个地球仪。画家们在描述宇宙空间里的地球的时候，画出的就是一个地球仪一样的地球。他们在地

---

① 月球上的土，并非我们所想象的白色，而是暗黑色的。这和白色的月光并不矛盾。丁铎尔在一本讨论光线的书中写道："日光，即便是从黑色上反射过来仍然是白色的。所以，即便是月球披上了黑色的丝绒，它在天空看上去依旧会像一面银盘。"月球上的土反射日光的平均能力，跟潮湿的黑土差不多，而极暗的地方所漫射的光线，也只比维苏威火山的岩浆所漫射的略微弱一点。

球表面画出大陆的轮廓和两极地区冰雪的极冠。这些都不过是幻想。从别的星球观察地球时，是不可能分清楚这些细节的。且不说地面总有一半被大气遮住，仅只是地球的大气就会把日光漫射得很厉害，因此地球也跟金星一样发亮、一样看不清楚。普尔科夫天文台的天文学家季霍夫在研究了这个问题之后这样写道：

> "从天空中观看地球，我们只能看见一个极其苍白的圆面，极难分清它的各种细节。投射到地球上的日光，在未达到地面以前就被大气和大气中的杂质漫射到太空中去了，而地面本身所反射的光线又由于大气的再次漫射而变得极其微弱了。"

因此，如果说月球将其表面清晰地展示于人，那么地球却将自己的面貌遮藏起来，不给月球和其他一切天体看。这是由于地球有大气包围的缘故。

不过月球与地球的区别还不止这一点。在地球的天空，月球同其他星球一样东升西落。在月球的天空，地球却不是这样运动的。它并不升起，也不降落，并不像其他众星一样进行缓慢而又严格的运动。它一直悬挂在月球的天空，其所处的位置对月球各地来讲都是固定的一个位置，同时所有的星星都在它背面慢慢地滑过。这是我们前面已经提过的月球运动的一个特点造成的：月球总是同一面朝向地球，因此在月球上来看，地球几乎总是静止不动地悬挂在天空。假如地球刚好位于月球上某一环形口的天顶，那它永远也不会离开这个天顶。如果就某一地点来看，地球位于"地平线"上，那么它将会永远处于这个"地平线"上。只有前面所提到过的月球的天平动，才使这种位置略微改变一些。星空在地球圆面背后慢慢地旋转，每经过 $27\frac{1}{3}$ 个地球上的昼夜转完一周；太阳在 $29\frac{1}{2}$ 个地球上的昼夜里绕行一周；其他行星也做同样的运动，只有一个地球几乎是固定地停在黑色的天空中。

　　然而，虽然地球总是停在原地，但它却在 24 小时内很快地绕轴心自转一周。如果地球上的天气是透明的话，那地球就可能为月球上未来的星际旅行者提供一座很方便的天空时钟。此外，地球也像月球一样在我们的天空里有位相的变化。这就是说，地球在月球的天空中并不总是呈现出一个完整的圆面；它有时候是一个半圆，有时候是新月模样，有时候宽，有时候窄，有时候是一个凸出的大半圆，这些都取决于被太阳照亮的那半个地球朝向月亮的部分有多大。如果把太阳、地球和月球的相互位置画出来，就很容易得出这样的结论：地球和月球的位相恰恰相反。

　　当我们看见朔月的时候，月球上的人应当看见一个圆满的地球——"满地"；反之，我们看见满月的时候，月球上应当是"朔地"，只看到带有明亮圆圈的一个黑色的圆球（见图 49）。我们看见娥眉月的时候，月球上看见的地球圆面已经初亏，并且亏损的部分一定跟这个时候娥眉月的宽度刚好相同。不过地球的位相并不像月球一样轮廓分明：地球上的大气会使它发光的边缘模糊，从而造成昼夜之间的逐步交替，正如我们在地球上所见到的晨曦晚霞一样。

　　地球的位相还有一点与月球不同。地球上的人永远看不见朔月时的月球。虽然这时候月球通常位于太阳的上下（有时候相离 5°，也就是它直径

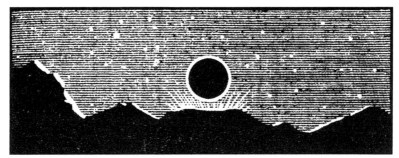

图 49　月球天空的"朔地"。这时候，地球圆面中央是全黑的，
四周有一个由发亮的地球大气所形成的明亮的圈。

的 10 倍。），但它那条被太阳照亮的狭窄的边缘应该可以看得见，但我们还是看不见这条边，因为太阳光把朔月的这条银色细线光遮蔽了。我们一般只能在朔月以后两天才能看见它，这时候它离开太阳已经相当远了。有时（春天）一天以后也能看见它，但这是很少有的事情。从月球上看"朔地"的情形却不一样：月球上没有可以漫射太阳光线的大气，不会在太阳周围形成光芒，因而恒星和行星就都不会在太阳光中消失，而会在太阳附近清清楚楚地放光。所以，只要地球没有正好把太阳挡住（也就是说不是在日食的时候），而是比太阳略高或者略低，那它总能在群星罗列的黑色的月球天空里显现出它狭窄的面孔，它的两角是背着太阳的（见图 50）。随着地球逐渐移向太阳的左方，这个弯钩也似乎在向左运动。

我们现在所描述的现象，通过一个不大的望远镜来观察月球就可以看到：在满月时，月面并不是一个整圆；因为太阳和月球的中心并不和观察人的眼睛位于同一条直线上，所以月面上就少了狭窄的一钩，这一条黑色的细钩随着月球右移而沿着被照亮的月面边上向左滑动。而地球和月球的位置总是相反的，因此这时月球上的人应当会看见"新地"的弯钩。

图 50 月球天空中的"新地"，位于下方的白色圆面就是太阳。

我们已经提到过，地球并不是完全固定在月球的天空，它在一个中间位置的南北摆动 14°，东西摆动 16°。所以，在月球上可以看到地球在接近"地平线"的地方有时候好像是要没落，可马上又升起，这样就形成了一些奇怪的曲线（图 51）。地球就这样在"地平线"的某一位置升降，并不绕过整个天空，并持续很多个地球的昼夜。

图 51　由于月球的天平动，地球慢慢地从月球的"地平线"出现又消失。虚线表示的是地球圆面中心所经的路线。

月球上的食象

关于月球天空的现象还应当补充描述一下食象。月球上有日食和"地食"两种。月球的日食并不像地球的日食，前者给人的印象更深刻。月球上的日食发生在地球上出现月食的时候，因为这时候地球位于连接太阳和月球的直线上，月球这时候没入地球投射出的阴影里。凡是看过这种月面的人都知道，这时候的月亮并不是完全没有光以至于我们一点也看不见它；我们一般看到的都是它在地球锥形阴影的内部一种樱红色光线照射之下。如果这时候我们去到月球上来看地球，那么就会明白月球此时受到樱红色光线照射的原因了。在月球的天空，位于耀眼的然而却小得多的太阳前面的地球，虽然是一个黑色的圆面，外面却包围着由大气所形成的紫红色边缘。也就是这条边，用它那紫红色的光线照亮了这个没入阴影的月球（图 52）。

月球上的日食并非像地球上的日食一样，只持续几分钟，而是长达 4 个小时，这是因为月球的日食就是地球上的月食，只不过是在月球上而不是地球上观察到的。

至于"地食"，它们的时间是如此的短暂，以至于都不能称为"食"。

"地食"是在地球上发生日食的时候发生的。这个时候，月球上的人可以在庞大的地球圆面上看见一个移动的圆形小黑点，小黑点经过的地方就是地面上能都看见日食的地带。

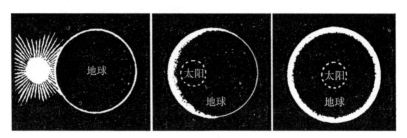

图52　月球上的日食过程：太阳逐渐走向固定悬挂在月球天空的地球后面。

应当指出，像地球上的日食那样的天象是不可能在太阳系中的其他任何地方看见的。这种特别的现象是由地球的一个条件决定的，即遮蔽太阳的月球离我们的距离跟太阳本身距离地球远近的比值，恰好和月球的直径跟太阳的直径的比值略微相等。

2.11　天文学家为什么要观察日月食?

正是由于刚刚所提到过的这个条件，那个经常拖在月球后面的锥形长影，才会刚刚达到地面（图53）。严格来讲，月球阴影的平均长度要比月球离地球的平均距离小，因而如果只谈平均数，那就会得出结论，认为我们无论如何也不会看见日全食了。我们之所以经常看见日全食，就是因为月球绕地球的轨道是一个椭圆形，轨道的某一部分比另外一部分距离地球近42200千米；月球与地球之间的距离最近时是356900千米，最远时是399100千米。

月影的一端在地面上移动，在地面上划出了"日全食地带"（图53）。

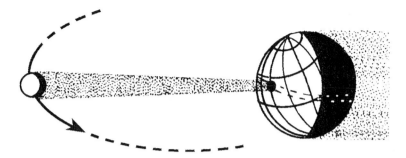

图 53　月影的锥尖划着地球的表面；锥尖划到的地方便是能够看见日食的地方。

全食地带宽不足 300 千米，所以每次能够看见日食的居民区的数目都是有限的。如果在考虑到日全食的时间只有几分钟（不超过 8 分钟），那我们就会明白为什么日全食是一种少见的奇景了。就地球上的某一地方来讲，日食要二三百年才会出现一次。

所以，科学家实际上是在追逐日食。他们组织远征队到地球上能够看见日食的地方去进行考察。这种地方有时候很遥远，但他们也不在乎。1936 年 6 月 19 日出现的那次日食，只能在苏联境内才能看见全食。为了能观察到持续两分钟的日全食，有 10 个国家的 70 名科学家不远万里来到苏联。其中有 4 个远征队因为阴天的缘故，什么也没能看见。苏联天文学家的观测规模极其庞大，在全食地带中，苏联人组织的远征队近 30 个。

1941 年，处于战争状态的苏联政府，依旧组织了一系列远征队，分布在从拉多加湖到阿拉木图的整个全食带上。1947 年，苏联政府派出远征队赴巴西观察 5 月 20 日的日全食。苏联参加过的规模尤其庞大的观察日全食的活动是 1952 年 2 月 25 日和 1954 年 6 月 30 日。

月食的次数虽然只是日食次数的 $\frac{2}{3}$，但我们却能常常观察到月食。这个天文学上的矛盾是很容易解释的。

只有在月亮挡住了太阳的有限地带，我们才能在地球上看到日食。在这个地带里，有的地方看见全食，有的地方看见偏食（偏食就是太阳表面只有一部分被月亮遮住）。在这一地带里，日食开始的时间不一样，这不是因为时间的计算方法不同，而是因为月影沿着地球表面移动，因此各个地方没入月影的时间是不一样的。

月食的情况就完全不同了。月食发生的时候，在可以看见月球的半个地球上都可以同时看见月食。月食发生的时候，月面的各种变化在不同的地方都可以同时看到，只是由于各地时间标准不同，因此月食的时间说起来也不相同。

天文学家用不着追逐月食，月食自己就会到来。但为了能观察日食，却需要进行远途旅行。天文家们组织远征队到热带的海岛、到西方或者东方很远的地方去，只是为了能看见黑暗的月球在几分钟的时间内遮住太阳的情景。

那么，为了观察转瞬即逝的日食而组织价格不菲的远征究竟值不值呢？难道不能在太阳没有被月球遮住的时候进行相同的观测吗？为什么天文学家们不制造人工日食呢，这只需要在望远镜里用一个不透明的圆片遮住太阳不就可以了吗？这样的话，就可以毫不费劲地观测到日食时的有趣现象了。

然而，这样的人工日食无法使我们看见太阳被月球遮住时候的情景。原因在于，太阳的光线在到达我们的眼睛之前穿过了地球大气层，因而被空气分子漫射了。也正是因为如此，我们在白天所看到的是明媚的蓝天，而不是一个点缀着繁星的黑色天空。我们置身于大气海洋的底部，如果用一个不透明的圆片遮住太阳，那么太阳射来的光线是看不见了，但我们头顶上的大气依旧受到太阳的照射，它依旧漫射光线，由此而遮住了天空的群星。如果遮蔽日光的那层幕位于大气之外的话，就不会有这种情况出现。月亮正是这样的一道幕，它比大气边界还要远几千倍。太阳光线在没有进入地球大气之前就被这个幕隔断了，所以暗影区中就不会产生光的漫射现象。诚然，漫射现象也不是完全不会发生。周围光区所漫射的光线仍然会少量进入暗影区，所以，在日全食的时候天也不会像半夜一样漆黑；此时只能看到最亮的星星。

在观察日全食的时候，天文学家们需要解决些什么问题呢？

第一项任务是他们需要观察太阳外层所谓的"反变层"的光谱线。通常情况下，太阳的光谱线是位于一条明亮的谱带上的许多暗线。在太阳表面被月球完全遮住之后几秒钟内，它就会变成一条暗的谱带上的许多明线，也就是吸收光谱变成了发射光谱。这种发射光谱又叫闪光谱。它可以是一种宝贵的资料，供我们去研究太阳外层的性质。这种现象并非只在日食的条件下才能观测到。只不过在日食的时候可以看得很清楚，因而天文学家们都不愿错过这机会。

第二项任务是研究日冕。日冕是只能在日全食的时候才能观测到的几种奇特现象之一。它位于被太阳外层的火一般的突出物（日珥）围绕的黑色月面周围，并且在不同的日食时间内呈现出大小和形状各不相同的珠光（图 54）。日冕的长线通常是太阳直径的好几倍，其亮度大约是满月的一半。

1936 年的那一次日食中，日冕尤其明亮，比满月还亮，这样的情形是很少见的。长长的略微朦胧的日冕光线达到太阳直径的三倍或者三倍以上；整个日冕呈现出五角形状，中心是黑色的月面（图 54）。

有关日冕的性质现在还没有完全清楚。天文学家在日全食的时候拍摄日冕照片，测量它的亮度，研究它的光谱。这些都有利于研究它的物理构造。

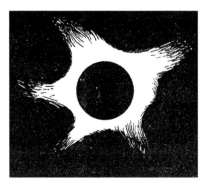

图 54　日全食的时候，位于黑色月面周围的日冕。

第三项任务就是核对一般相对论

的推论之一是否正确。按照相对论，星光经过太阳附近的时候都要受到太阳强大的引力而发生偏折，并且太阳附近的星星看上去都会发生位置的变化（图 55）。只有在日全食的时候才可以论证这个推论是否正确。

严格来讲，1919 年、1922 年、1926 年和 1936 年日食期间测量的数据，并没能给我们决定性的结果，所以相对论的这条推论至今仍旧没有得到最终的论证[①]。

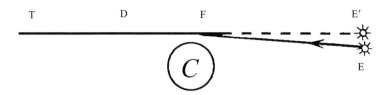

图 55　相对论的推论之一。光线在太阳的强大引力下会发生偏折。按照相对论，站在地球上 T 点的人沿着 TDFE′ 这条直线，看见星在 E′ 处，可实际上，它应当位于 E 处，它的光线沿着 EFDT 投射到地球上来。当太阳不处于 C 的时候，星光是沿直线 ET 射向地球的。

以上三点，即是天文学家们离开自己的天文台而跑到极为遥远，甚至极不友好的地方去观察日食的主要原因。

关于日全食景象本身，我们的文艺作品中有过极精彩的描述。在柯罗连柯的《日食》一书中，对 1887 年 8 月的日全食进行了生动的描写，这是他在伏尔加河岸游历耶韦茨城所见到的。以下为书中内容（略有删节）：

"太阳沉入了一片宽阔的朦胧的斑状云里，当它再次出现的时候已经亏损很多了……

现在已经能用肉眼观看了，空中飘浮的轻雾把耀眼的光芒变成了柔和的光。

---

① 星光偏折本身已经证实了，但在量的方面还跟相对论不能完全符合。米哈伊洛夫教授的观测结果表明，这一理论在跟这一现象的有关方面应作必要的修正。

一片安静。某处似乎可以听见神经质的、沉重的呼吸……

过了半小时，天色几乎和平常一样。云彩时而遮住那个悬在高空的弯弯的太阳，时而又离开了。

青年人既高兴又惊奇。

老头子们叹息着，老夫人们歇斯底里地叹息着，有人甚至尖叫和呻吟，像是患了牙疼。

天色明显地开始黯淡起来。人们的脸上出现了惶恐的神色，地上的人影黯淡不清。向下游驶去的船只轮廓变得模糊起来，失去往日的倩影。光亮显然在减少，但是这里既没有黄昏时的浓荫，也没有在低层大气里的回光返照，所以这很像是一个不同寻常的怪异的黄昏。景色变得相当模糊，绿草没有了绿色，山峦似乎失去了重量。

当弯弯的太阳还有一线存在的时候，天地间仍是一个变得很暗的白昼。我觉得关于日食时天色黑暗的故事是夸大其词。我想：难道这一弯还在发光的太阳，这犹如在宽广的世界里被人忽视的小蜡烛，真的有那么重要的意义吗？难道这一丝光线逝去之后，黑夜就会来临吗？

但这点微光熄灭了。它灭得如此突兀，好像是一个火花从黑暗的炉口跳了出去一般，跳开的时候伴随着黄金色的火星闪了一下。随着它的熄灭，黑夜就倾泻而下，笼罩了整个大地。我看见，一瞬间黑夜就来临了。这黑色的阴影犹如一张巨大的床单，出现在南方，很快沿着山峦、河流、田野飞驰而去，移过了整个天空，把我们包围住，眨眼间又把北方也包围住了。我站在河边的沙滩上，回头看背后的人群，他们也都一声不响。……人群会聚成一片巨大的黑影。

这并不是一个寻常的夜晚。夜色如此之亮，人的眼睛会不由自主地寻找那透过寻常夜间的黑影的银白色的月光。但是任何地方都看不见月光，也没有黑影。好像有些极其细微的、肉眼分辨不出的粉末从上空散落到地上来，又似乎有一张极其稀薄的网悬挂在空中。而在那侧面上方，空中远远的似乎有什么东西在发光，光亮照到我们这一片黑暗的阴影之上，使阴影的黑暗减轻了一些。在这一切迷人的景色之上，乌云在奔驰。乌云里似乎还在进行着猛烈的斗争。……圆形的、黑色的、似乎怀有敌意的像是蜘蛛的东西，抓住了耀眼的太阳，一同在高高的云际奔跑。从黑暗的幕后流溢出来某种变幻的光彩，使这些景色看上去像是活的，而云彩像是在惊惶无声地奔跑，这使景色变得更加变幻莫测。"

现代天文学家们对月食并不像对日食那样具有特别的兴趣。我们的祖先曾从月食中找到了地球是球形的证据。这种证据在麦哲伦环球航行中所起的作用是值得一提的。在一望无际的太平洋上疲惫地航行了很久之后，水手们绝望了。他们认为自己毫无退路地离开了大陆，走进了无边无际的大洋。唯有麦哲伦没有丧失勇气。这位伟大的航海家的一位同伴说："教会虽然根据《圣经》告诉我们，地球是一片广阔的平原，四周包围着海水，但麦哲伦的信心依然坚定地认为：月食的时候，地球抛出的阴影是圆的。既然影子是圆的，那么抛出这个圆形的物体就应当是圆的。"在古代的天文学书中，我们可以找到有关月面阴影是由地球形状决定的图画（图56）。

今天我们已经不需要类似的证据了。但是月食却使我们能够按照月球的亮度和颜色去判断地球大气上层的构造。大家都知道，月球并不是完全消失在地球的阴影里，由于偏折到锥形阴影以内的太阳光的作用，我们依然能够看到它。这时候月亮的亮度和颜色引起了天文学家的极大兴趣。研究结果表明，

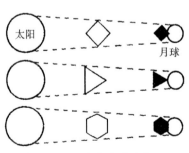

图 56 一幅古代的图画表示，可以从月面上地球阴影的形状推测出地球的形状。

它们竟和日中黑子的数目有关系。此外，月食的现象近来又被利用来测量月面在失去太阳照射的热力时冷却的速度（关于这一点以后还会谈到）。

2.12 为什么日月食每隔 18 年出现一次？

古代巴比伦人观察天象之后指出，日月食每隔 18 年 10 天出现一次。这种周期叫做沙罗周期。古代人就根据这种周期来预测日月食出现的日期，然而他们并不懂得为什么会有这样的周期，为什么沙罗周期是 18 年又 10 天。人们在仔细研究了月球的运动之后才发现了这种周期的原因，不过这已经是距离古代很久远的事情了。

月球绕轨道运行宇宙的时间是多少呢？这个问题的答案取决于我们将月球围绕地球旋转一周的终点定为何时。天文学家们认为"月"有五种，我们现在感兴趣的是其中两种。

1. 所谓的朔望月。在这期间，如果从太阳上来看的话，月亮围绕地球转了整整一周。这是连续两次出现相同月面相位相隔的时间，大约是从这一次朔月到下一次朔月。这个数值等于 29.5306 昼夜。

2. 所谓的交点月。在这期间，月球从它的轨道的"交点"开始绕地球一周再回到这个"交点"（交点是指月球绕地球轨道跟地球绕太阳轨道的交点。），这个数值等于 27.2123 昼夜。

很容易明白，日月食只在朔月或者望月刚刚落在交点上的时候才会发生，因为这个时候月球的中心恰好和太阳中心位于同一条直线。显然，倘若今天发生了日食，那么它下一次出现的时期一定包含着整数个数的朔望月和整数个数的交点月，只是在这个时候才会重复出现同样日食的条件。

那么，如何来确定这个时期的长短呢？为此需要解下面这样一个方程：

$$29.5306x = 27.2123y$$

这里的 x 和 y 都是整数，把这个方程式改成比例式：

$$\frac{x}{y} = \frac{272123}{295306}。$$

这两个数没有公约数，因此最小的准确答案就应当是：

$$x=272123，y=295036。$$

这样算出来的时间是几万年，这样的数据是没有实际意义的。古代天文学家利用的是近似值。在此情况下求近似值的最简便方法就是用带分数。把上面这个分数转化成带分数：

$$\frac{295306}{272123} = 1\frac{23183}{272123}$$

在剩下的分数中用分子分别除它的分子和分母

$$\frac{295306}{272123} = 1 + \frac{23183 \div 23183}{272123 \div 23183} = 1 + \cfrac{1}{11 + \cfrac{17110}{23183}}$$

然后再用分数 $\frac{17110}{23183}$ 中的分子来分别除它的分子和分母，这样以此类推，可以得到下面的式子：

$$\frac{295,306}{272,123} = 1 + \cfrac{1}{11} + \cfrac{1}{1} + \cfrac{1}{2} + \cfrac{1}{1} + \cfrac{1}{4} + \cfrac{1}{2} + \cfrac{1}{9} + \cfrac{1}{1} + \cfrac{1}{25} + \cfrac{1}{2}$$

在这个分数式里，我们弃去下面各节，只取前面几节，就可以得到以下近似值：

$$\frac{12}{11}，\frac{13}{12}，\frac{38}{35}，\frac{51}{47}，\frac{242}{223}，\frac{535}{493} \cdots\cdots$$

第五个近似值已经够精确了。如果我们采用这一数值的话，那么 x=223，y=242。由此可以看出，日月食重复的周期就等于 223 个朔望月，或者 242 个交点月。一共等于 6585 个昼夜，也就是 18 年零 11.3 或者 10.3 天[①]。

这就是沙罗周期的来源。明白了它的道理，我们就可以知道用它来推

————————
① 视这个时期里有 4 个还是 5 个闰年而定。

断日月食的精确程度如何了。我们看到，如果将沙罗周期视作 18 年又 10 天，实际上是去掉了 0.3 天的。因此，如果依照这个周期来预测的话，实际上第二次出现日食的时间就要晚大约 8 小时。而如果使用三次沙罗周期推断，日食就会出现在差后一天的同一时候。此外，这个沙罗周期并没有将月球到地球和地球到太阳的距离变化计算在内，而这些变化是有着自身的周期的。日食是否是全食，是受此影响的。因此，沙罗周期可以让我们预测到下一次食会发生在哪一天；至于是否会出现全食、偏食抑或环食，是难以据此预测的；同样也不能预言前一次看见食的地方能否再次看到食。

还会出现这样的情况，一次很小的偏食在 18 年之后虽然再次发生了，但是却已经小得几乎为零，以至于我们完全观察不到。同样，有时候也会突然出现一次很小的日全食，而在 18 年前却是无法观察到的。

今天的天文家不再使用沙罗周期了。月球的运动已经被研究得很透彻了，所以现在食的时间已经可以推算到秒了。如果所预测的食没有出现，那么现代天文学家就一定会去寻找其他方面的原因，而决不会怀疑计算有误。这一点在儒勒·凡尔纳的《毛皮国》中也有过极好的暗示。小说中提到一位到北极去观察日食的天文学家，他按时到了目的地之后，却没有看见日食。那么这个天文学家会做出什么样的结论呢？他对周围的人说，他们所在的这块冰原并非大陆，而是一块漂浮的冰块，已经被洋流带到日食带以外了。他的观点很快就得到了证实。这就是科学的力量！

2.13　可能吗？

有些人告诉我们，他们在月食的时候，曾经亲眼见过太阳出现在天空接近地平线处，而另一面却是正在被食的月亮。

这一类现象曾在 1936 年出现过，那一年的 7 月 4 日出现了月偏食。曾有一位读者写信给我："7月4日20点31分的时候，月亮出来了。20时46分太阳落山，月亮出来的时候发生了月食。可是月亮和太阳此时都在地平线以上。我对此十分惊奇，因为我知道光是沿直线传播的。"

这种情况确实有些令人费解。虽然我们不能像捷克女郎那样相信，真的经过一块烟熏过的玻璃就能"看见一条把太阳的中心和月球的中心连接起来的线"。然而，在这个位置的时候，靠近地球画这么一条想象的线却完全是可能的。如果地球没有挡在太阳和月亮之间，会发生月食么？这些亲自见过的人所说的话可信吗？

实际上，这一类事情没有什么不可信的。太阳和正在被吞食的月亮同时出现在天空，是由于地球大气发生折射的缘故。

大气的折射作用，使得每一个天体在我们看来都比它们实际的位置要高（参看30页图15）。当我们看见太阳和月亮接近地平线的时候，它们实际上位于地平线以下。因此，我们看见太阳和正在被吞食的月亮同时位于地平线以上，实际上并不是不可能的。

关于这一点，佛兰玛里翁说过："一般都认为，1666年、1668年和1750年发生的几次日食时，这种奇怪的现象表现得尤其明显。"其实用不着追溯到那么久远的年代。1877年2月15日，巴黎的月亮升起的时间是5点29分，太阳落山的时间是5点29分，可是在太阳落山之前，月全食已经开始了。1880年12月4日，巴黎发生了月全食，那天月亮在4点钟的时候升起，而太阳落山是在4点2分，这时正当月球进入到地球阴影的中央，因为那天的月食是3点3分开始、4点33分复原的。如果说这种情况不十分常见，那只是观察者太少的原因。如果想在太阳落山之前或者升起之后看见月全食，只需要位于地面上那些恰恰可以在地平线上看见月食的地方就行。

2.14　关于日月食的几个大家不很清楚的问题

【题】1. 日食和月食可以持续多长时间？

2. 一年之中可以发生多少次日月食？

3. 是否有的年份没有日食或者月食？

4. 苏联境内最近可以看到的日全食会在什么时候？

5. 日食的时候，日面上黑色的月影是向哪一个方向运动的——向左还是向右？

6. 月食是从哪一侧开始的——左面还是右面？

7. 日食的时候，为什么树叶影子的光点都是月牙形的（图57）？

8. 日食时的月牙和普通娥眉月的月牙形状上有什么区别？

9. 为什么人们需要用一片烟熏黑了的玻璃来观察日食？

【解】1. 日全食最长可以持续7.5分钟（在赤道地区；若在高纬度地区，则要短一些）；整个食过程可以达到4.5小时（赤道地区）。整个月食可以持

图57　在日食尚未达到食尽阶段时，树叶影中的光点是月牙形的。

续 4 小时；全食的时间不会超过 1 小时 50 分钟。

2. 一年中日食和月食的次数加在一起不会多于 7，也不会少于 2（1935 年共有 7 次：5 次日食，2 次月食）。

3. 没有哪一年会没有日食：一年中的日食不会少于 2 次；没有月食的年头是经常有的，大约每隔五年就有一年没有月食。

4. 苏联境内可以见到的最近一次日全食会出现在 1961 年 2 月 15 日。日全食带为克里木、斯大林格勒和西伯利亚。

5. 在北半球，日面上的月影从右向左移动。所以月影和太阳的第一接触点（初亏）总是在太阳的右侧。在南半球，从左向右移动（图 58）。

6. 在北半球，月球的左侧首先进入地球的阴影，而在南半球则是右侧首先进入地球阴影。

7. 树叶影子中的光点呈现的是太阳的像。日食的时候，太阳变成了月牙形，因而它在树影中的像当然也是月牙形了（图 57）。

8. 娥眉月的月牙形，凸出的一侧是半圆形，向内凹陷的一侧是半椭圆

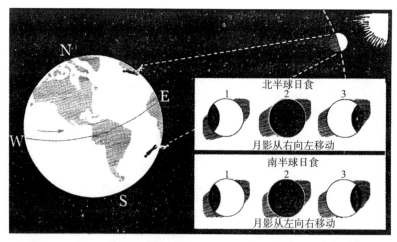

图 58　日食时，日面上月影的移动。为什么在北半球的观察者看来是
从右向左，而南半球的人看来却是从左向右？

形。日食时太阳的月牙形两边都是同一半径圆圈的两道弧（见 52 页图 32*a*）。

9. 即便太阳的一部分被月亮遮住了，依旧不能用肉眼直接去看它。日光会烧坏视网膜上最敏感的部分，会使人的视力长期下降，甚至有时候永远不会恢复。

18 世纪初的时候，诺夫哥罗德的一位编年体作家曾写道："诺夫哥罗德城有人由于日食永远失去了视觉。"不过要避免这种惨祸也是很容易的，只需要准备一块用烟熏黑的玻璃就可以了。熏玻璃应当用蜡烛的烟，厚度应当使我们透过玻璃看日面的时候恰恰能看见它的轮廓，而看不见它的光芒或者光晕。为了方便起见，还可以在玻璃熏黑了的一面盖上另一块干净的玻璃，并用纸将两块玻璃的边裹在一起。我们是无法预测日食的时候太阳有多亮的，因而最好事先准备几块黑色的浓淡不同的熏玻璃。

如果把两块颜色不同的玻璃（最好是颜色互为补色的玻璃）叠在一起，也可以使用。普通的护目眼镜是不适合的。最后，在观察太阳的时候，还可以使用有着适当暗黑程度的照相底片。

2.15　月球上有什么样的天气？

严格来说，月球上是没有我们所谓的通常意义上的天气的。在一个完全没有大气、云彩、水蒸气、风雨的星球上，怎么可能有天气呢？唯一可称之的天气，就是月面土壤的温度了。

那么，月面土壤的温度怎么样呢？科学家们现在已经拥有了一种仪器，不但可以测量远处天体的温度，还能测出天体上各个部分的温度。这种仪器的构造根据的是热电现象原理：用两种不同的金属焊接成一根导线，当两个焊接点的一点比另一点热的时候，就会有电流通过导线。电流的强度取决于两个焊接点的温度差异，所以从电流强度就可以得知导线所吸收的热量是多少了。

这种仪器的敏感度是惊人的。它虽然极小（起作用的部分不超过 0.2 毫米，重 0.1 毫克），但连 13 等星所传来的热量，它都能够测出来，使自己的温度提高（千万分之一摄氏度）。13 等星不借助望远镜是无法看见的。它们的光线是肉眼可见的最弱的星光的 $\frac{1}{600}$。要觉察到这么小的热量，就相当于是要在几千米之外发觉一支蜡烛所发生的热。

拥有了这种近乎神奇的测量仪器之后，天文学家就可以把它安装在望远镜中月球成像的各个部分，这样来测量它所接收到的热量，然后根据此热量来计算月亮各部分的温度（可以精确到 10℃）。

测量结果如图 59 所示：满月的中心部分温度高达 110℃；如果这部分有水的话，在普通气压下就会沸腾。一位天文学家写道："在月球上，我们

图 59　月面的温度，中央部分达到 110℃，靠近边缘的
时候迅速递减，边上已降低到 -50℃。

不必用炉子做饭，因为附近的任何一块岩石都可以代替炉子。"温度从月球表面中心位置向各个方向以同样的程度降低，即便在距离中心 2700 千米的地方，温度仍不低于 80℃。在此之后，温度加快降低，靠近月面边上的地方，温度已经为 –50℃ 了。月球背着太阳的那一面很冷，那里的温度可以达到 –153℃。

前面已经提到过，当月亮进入地球阴影发生月食的时候，月面由于失去太阳光线的照射很快冷却。那么，冷却的速度有多快呢？我们已经知道，在某次月食的时候，它的温度从 +70℃ 降到了 –117℃。这就是说，在 1.5 ～ 2 小时的时间内，温度降低了 200℃。另外，在日食的时候，地球在同样的条件下温度不过下降 2℃ ～ 3℃。这是因为地球大气的缘故，大气对太阳的可见光来讲，是相对透明的，它能保持被晒热了的地面所放射出的不可见的热射线，不使其散失。

月球土壤积累的热量消失得如此之快，使得月球的物质所具有的热容量变得很小，传热性也不好。所以，月亮在被加热的情况下，只能贮存很少的热量。

第三章　行星

3.1　白昼时的行星

能不能在白昼时耀眼的日光下看见行星呢？通过望远镜那是没有问题的。天文学家常常在白天的时候观察行星，有时候只用中等大小的望远镜就可以了，虽然不及夜间看得清楚。通过目镜为 10 厘米的望远镜，白昼时不仅可以看见木星，还可以区分出木星上各具特色的云状带。白天观察水星更为方便，因为白昼的时候水星一般位于地平线之上，在太阳落山之后，它就会出现在很低的天空，因而通过望远镜所看见的水星就像是已经被地球大气层严重歪曲了。

天气条件合适的情况下，可以在白昼通过肉眼看见几个行星。

白昼最常见的最亮的行星是金星。阿拉戈[①]有一篇著名的关于拿破仑一世的故事，讲述的是有一次他的仪仗队经过巴黎街道时，街上的人正沉醉于观看正午出现的金星，而忽略了这位君主，拿破仑一世为此十分懊恼。

在大都市的街头白昼时可以看见金星的次数，比开阔的旷野多，因为高耸的建筑物会遮住阳光，使人的眼睛不被直射的阳光照射而看不见东西。俄罗斯的编年史家们也记载过白昼看见金星的事例。比如，诺夫哥罗德的编年史中说到，1331 年的一天白昼时"天空显圣迹，明星出现于教堂之上"。这颗星（根据维亚托斯基和维尔耶夫的考证）就是金星。

白昼能最清楚地看见金星的日子 8 年重来一次。仔细注意天象的观察者或许有机会用肉眼在白昼不仅能看见金星，还可以看见木星，甚至是水星。

我们不妨再次谈谈行星的比较亮度。非专业人士之间有时候会产生这样的疑问：哪一颗行星更亮，金星、木星，还是水星呢？如果它们同时发

---

① 弗朗索瓦·阿拉戈（D.F.J. Arago），法国天文学家（1786～1853）。——译者注

光，并排出现，这样的问题就会产生了。可当我们在不同时间分别看见它们时就很难判断哪一个更亮了。现在我们依照亮度把五大行星进行排序：

金星，火星，木星：都比天狼星亮好几倍。

水星，土星：比不上天狼星亮，但是比别的一等星都亮。

关于这一个问题，我们在以后还要用数字来进行说明。

3.2　行星的符号

现代天文学家用了来源极古的符号来表示太阳、月球和行星（见图 60）。除了代表月亮的符号一目了然之外，其他的符号都需要加以阐释。水星符号是神话中这颗星的保护神——商业之神墨丘利所拿的挂杖。金星的符号是一面手镜——女神维纳斯所具有的爱和美的象征。火星是由战神马尔斯保护的，所以火星的符号是矛和盾。木星的保护神是朱庇特，它的希腊名字是宙斯，所以木星的符号就是这个希腊名字（Zeus）第一个字母 Z 的草写。根据佛兰玛理翁的说法，土星的符号是"时间的大镰"（命运之神的传统属性）被歪曲了的画像。

上面所述的各种符号从 9 世纪就开始使用了。当然，天王星符号的起源要晚得多，因为该星是 18 世纪才被发现的。它的符号是一个圆圈上有一个 H——应当是为纪念它的发现者赫歇尔（Herschel）的。1846 年所发现的海王星的符号是神话中海神波塞冬的三股叉。最后一个行星冥王星的符号是 PL

月	球	☽
水	星	☿
金	星	♀
火	星	♂
木	星	♃
土	星	♄
天	王 星	♅
海	王 星	♆
冥	王 星	♇
太	阳	☉
地	球	♁

图 60　太阳、月亮和行星的符号：从上到下依次为：月球、水星、金星、火星、木星、土星、天王星、海王星、冥王星、太阳、地球。

两个字母合成的，因为它的名字是地狱之神普鲁托（Pluto）的头两个字母。

此外还应当加上我们所居住的行星和太阳系的中心太阳的符号。太阳的符号出现得极早，古埃及人在几千年前就开始使用了。

有些人也许对西方文学家使用上述符号来表示一个星期中的各个日期感到奇怪了：

星期日：太阳的符号

星期一：月亮的符号

星期二：火星的符号

星期三：水星的符号

星期四：木星的符号

星期五：金星的符号

星期六：土星的符号

如果把这些行星的名称和一周之内各天的名称的拉丁文或者法文排列在一起，便很容易明白其中的道理[1]。在法文里，星期一叫lindi，即月球日；星期二叫 mardi，即火星日，等等。我们在此就不再深究这跟语言学和文化史关联较多的问题了。

古代的炼金术士将行星的符号用作各种金属符号，例如：

太阳的符号：代表金

月球的符号：代表银

水星的符号：代表水

金星的符号：代表铜

火星的符号：代表铁

---

[1] 中国也有七曜的说法，星期日叫日曜，星期一叫月曜，星期二叫火曜，星期三叫水曜，星期四叫木曜，星期五叫金曜，星期六叫土曜。其实所以叫星期也就是因为这个缘故。——译者注

木星的符号：代表锡

土星的符号：代表铅

炼金术士之所以把它们这样关联起来，是因为他们将每一种金属都用来纪念古代神话中的某一位神。

最后，现代的植物学家和动物学家也在使用行星的符号。他们使用火星和金星的符号来表示雄性和雌性。植物学家使用太阳的符号来表示一年生植物；需要表示两年生植物的时候，他们就把同一个符号略加改变（在圆圈上加上两点）；表示多年生草的时候，用木星的符号；用土星的符号表示灌木和树木。

3.3　画不出来的东西

有好些东西在纸上是无法画出来的，我们的太阳系的精确平面图便属于这一类事物。天文学书籍中的太阳系平面图其实只是行星轨道图，而不是太阳系的图，因为如果不将比例尺做较大的改变，是无法在这种图上画出行星的。较之行星之间相隔的距离而言，行星本身是很小的，以至于我们都无法想象它们之间的比例关系。为了便于理解，我们把太阳系画成缩小了的图画。但是有一点是很明显的，就是没有一张图能够正确地把太阳系表示出来。我们所能做的，就是用图来表示行星和太阳之间的相对大小（图 61）。

我们用别针针头大小来表示地球，它的直径约为 1 毫米。精确地说，我们使用的是 1∶15000000000 的比例尺，也就是大约将 15000 千米作为 1 毫米。这样的话，我们得到的月球的直径就应当是 $\frac{1}{4}$ 毫米，并且应当放在离开别针针头 3 厘米远的地方。太阳的大小就如同一个网球或者棒球（10 厘米），位于距离地球 10 米远的地方。将一个网球放在一间大厅的一个角

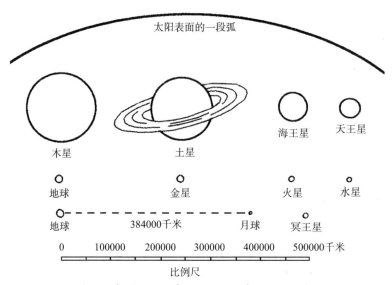

图 61　行星和太阳的相对大小。在这张比例图中，太阳的直径为 19 厘米。

落，一个别针针头放在另一个角落，这样就大略可以表示出太阳和地球在宇宙中的位置关系。由此可见，空无一物的空间确实比物体所占的地方要大得多。虽然在太阳和地球之间还有水星和金星两个行星，但是它们跟这个大空间比较起来实在太微不足道了。加上它们，也不过是在我们这间大厅里添上两颗沙砾，一颗（水星）的直径是 $\frac{1}{3}$ 毫米，距离网球 4 米；另一颗（金星）的大小和别针相同，距离网球 7 米。

但是在地球的另一端还有一些小物质颗粒。在距离网球（太阳）16 米的地方是火星——直径是 $\frac{1}{2}$ 毫米的沙砾。地球和火星两颗微粒每隔 15 年要彼此接近一次，此时它们之间的距离是 4 米，这是两个世界之间最近的距离。火星有两颗卫星，但是无法将它们在我们的这个模型中表示出来，因为按照我们所使用的比例，它们只能有细菌般大小！还有一些小行星，它们的数目在 1500 以上，在火星和木星之间围绕太阳旋转，它们的大小也同样是可以忽略不计的。这些小行星距离太阳的平均距离是 28 米（在我们的模型图中）。它们中最大的有头发般大小（$\frac{1}{20}$毫米），最小的只有细菌大小。

在我们这个模型图中，巨大的木星可以用一个榛子大小的球来表示（1厘米），它距离网球（太阳）的距离是 54 米。在距离它 3、4、7 和 12 厘米的地方，分别有 11 个卫星中的 4 个围绕它旋转。这四个大卫星的大小为 $\frac{1}{2}$ 毫米左右，其余几个小的只能用细菌来表示了。距离它最远的那个卫星，应当位于榛子（木星）大约 2 米的地方。所以整个木星系统在我们的模型里的直径是 4 米。和直径只有 6 厘米的"地球–月球"系统比较而言，它的确要大出很多，但是和我们模型里直径为 104 米的木星轨道比较起来，确实它又是很小的了。

现在可以清楚地看到，是不可能把整个太阳系画在一张图上的。我们应当把土星放在距离网球（太阳）100 米的地方，用直径为 8 毫米的一颗小榛子来表示。土星上的光环，宽为 4 毫米、厚 $\frac{1}{250}$ 毫米，应当在距离小榛子表面 1 毫米的地方。9 个卫星散落在这颗行星附近 $\frac{1}{2}$ 米范围之内，直径都小于 $\frac{1}{10}$ 毫米。

越接近太阳系边缘的地方，行星之间的空间距离越大。天王星在我们这个模型中距离太阳 196 米；这是一颗直径为 3 毫米的绿豆，它有 5 颗微尘般大小的卫星，分布在以绿豆为中心的 4 厘米的范围内。

在距离中心的网球 300 米远的地方，还有一个绿豆大小的行星，慢慢地沿着自己的轨道前进，这就是不久之前还被人们当做太阳系最外围的一个行星——海王星。它的两个卫星（特里屯和海王卫二）分别距离它 3 厘米和 70 厘米。

在更远的地方，还有一个不大的行星在旋转——冥王星，在我们的模型中它距离网球 400 米，直径大约是地球的一半。

但我们还不能将冥王星的轨道视作太阳系的边缘。除了行星，属于这个系统的还有很多彗星，它们中的很多也是围绕太阳运转的。这些"毛发状的星星"中有一些要 800 年才绕行太阳一周。公元前 372 年，1106 年，1668 年，1680 年，1843 年，1880 年，1882 年（两颗彗星）和 1887 年出现的彗星，都有这样长的运转周期。在我们的模型中，它们的每一个轨道都应当是一个很长的椭圆。椭圆的最近一端距离太阳只有 12 毫米；最远的一端距离太阳 1700 米，比冥王星远 4 倍。如果按照这些彗星的轨道来计算太阳系的大小，我们的模型的直径就必须放大为 3.5 千米，占地面积为 9 平方千米。我们不要忘了，地球的大小，只有一个别针针头那么大！在这 9 平方千米的范围内有以下东西：

> 1 个网球
>
> 2 颗小榛子
>
> 2 颗绿豆
>
> 2 个别针针头
>
> 3 颗更小的微粒

彗星的数量虽然多，但是所含的物质可以不计，因为它们的质量实在太小了，可以称之为"可见的乌有之物"。

所以，我们的太阳系是不可能依照正确的比例在一张图上画出来的。

3.4　水星上为何没有大气？

行星上有没有大气与行星自转一周所需的时间之间有什么样的联系呢？乍一看二者之间没有任何联系。但是如果我们以距离太阳最近的行星——水星为例来分析，就可以知道，在某些情况下它们之间是有联系的。

就水星表面的重力来看，它是可以有大气的，并且成分和地球大气的成分差不多，只不过没有那么大的密度而已。

完全克服水星表面的重力所需的速度是 4900 米 / 秒，而地球大气中最快的分子在不高的温度条件下都不能达到这种温度[1]。然而，水星上依旧没有大气。原因在于，水星围绕太阳的运动就同月球围绕地球的旋转一样，它总是以同一面朝向中心的星体。水星绕太阳一周的时间（88 天），正好是它自转一周的时间。因此，在水星总是朝向太阳的一面，永远都是白天和夏天；而背向太阳的一面，永远都是黑夜和冬天。很容易想象，水星白昼的一面一定是炎炎夏日，因为水星距离太阳的距离是地球距离太阳的 $\frac{2}{5}$ 远，太阳光线的热力应当是地球上的 2.5×2.5，也就是 6.25 倍。相反，在长夜的一面一定是严寒，因为几百万年都没有见过一丝阳光，而且朝向太阳的一面的热量又无法透过厚厚的水星星体传递过去，其温度跟寒冷的宇宙空间的温度[2]（约 –264℃）接近。至于昼夜交接的地方，有一条宽约 23° 的区域，但由于水星的天平动，也只在一段时间内可以看见太阳。

在如此不寻常的气候条件下，水星上的大气会是什么样的呢？显然，在笼罩着长夜的一面，由于无比寒冷，大气一定先凝结成液体，再凝结为固体。这样的话，这里的大气压力显然会较低。如此一来，白昼一面的大气层就会膨胀，来到黑夜这一面，又在严寒下变成了固体。所以，水星上的全部大气最后都会以固体的形态聚集在长夜的一面。确切地说，大气都会集中在太阳永远照射不到的一面。所以，水星上是没有大气的，这是物理规律的必然结果。

同样的道理，月球不可见的一面有大气的说法也是不成立的。我们可以断定，既然月球的一面没有空气，那么它的另一面也不会有[3]。由此，我

---

[1] 参看 2.7 "月球上为什么没有大气？"

[2] "宇宙空间的温度"，物理学家指的是一支日光完全照射不到的涂黑了的温度计在宇宙空间所指示的温度。这温度比绝对零度（–273℃）略高，那是因为星体的辐射线也会发热的缘故。

[3] 关于天平动，参阅 2.5 "月亮看得见的一面和看不见的一面"。在月球的情形所求得的那个近似法则，对于水星的经天平动同样适用：水星的那一面并不是始终朝向太阳，而是朝向它相当扁长的轨道的另一焦点。

们就可以把威尔斯所写的"月亮里第一批人"长篇小说纯粹当做幻想了。他在小说中写道，月球上是有空气的。这空气在连续 14 日的长夜里先凝结成液体，再凝结成固体，并在白昼到来的时候变成气体，成为大气。实际上类似的事情绝对不可能发生。关于这一点，霍尔孙教授这样说过："如果在月球黑暗的一面的空气凝固了，那么几乎全部的空气都会从明亮的一面跑到黑暗的一面去，然后也凝固起来。在日光的影响下，固体空气当然会变成气体，但是这样的空气很快又会来到黑暗的一面并凝固起来。这里的空气应当是在经历着不断的蒸馏作用。所以，月球上的空气不论什么时候、不论什么地方，都不会有多大值得注意的弹性的。"

如果说水星和月球上没有空气已经得到论证，那么对太阳系中接近太阳的第二颗行星金星而言，有大气是完全毫无疑问的。

已经确定的是，在金星的大气层中，准确地说是在金星的平流层里，含有大量的二氧化碳——相当于地球大气中含量的一万倍。

3.5 金星的位相

著名的数学家高斯说，有一次他请自己的母亲用望远镜观察黄昏的天空中耀眼的金星。这位数学家是想给母亲一个惊喜，让她看看月牙形的金星。然而，最后觉得奇怪的倒是他自己，因为这位老太太把眼睛凑近望远镜之后，并没有对金星的形状感到惊讶，而是询问为什么月牙是朝向相反的方向的……高斯绝没有想到，他的母亲竟然可以用肉眼区分出金星的位相。这样的好眼力并不常见。在望远镜发明之前，谁也没有想到金星和月球一样有位相。

金星位相的特点在于，它在不同的位相里有不同的直径：月牙形的直径比满轮的时候大很多（图 62）。原因在于这颗行星与我们的距离是随着它

的位相一起变化的。金星与太阳的平均距
离是 10800 万千米，地球与太阳的平均距
离是 15000 万千米。很容易明白，金星和
地球之间最近的距离为 15000 万～10800
万千米，也就是 4200 万千米；而最远的
距离等于 15000 万 +10800 万，也就是
25800 万千米。因此，金星距离我们的远
近就在这个范围内波动。

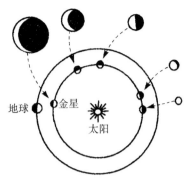

图 62　望远镜中所见的金星的位相。随着距离太阳远近的变化，金星在不同的位相有不同直径。

　　金星距离地球最近的时候，它朝向我
们的是没有照亮的一面，这时它的直径最大，但我们是看不见的。离开这
个"朔金星"的位置之后，我们所见到的金星就渐渐变成了月牙形，月牙
形越宽，它的直径越小。金星最亮的时候，并不是它满轮的时候，也不是
在它的直径最大的时候，而是在某一个中间位相的时候。我们看见金星满
轮的时候，直径视角是 10″；当我们看见它最大的月牙形的时候，直径视
角是 64″。金星最大的亮度，是从"朔金星"算起第 30 天，这个时候它的
直径视角是 40″，月牙形宽度的视角是 10″。此时它的亮度相当于天狼星亮
度的 13 倍，成为整个天空最亮的星星。

3.6　大冲

　　很多人都知道，火星最亮和距离地球最近的时期，每 15 年重复一次。
天文学上把这个时间叫做火星的大冲。最近出现大冲的年份是 1924 年和
1939 年（见图 63）。但是很少有人知道，为什么大冲每隔 15 年出现一次。
其实，关于这一点的数学道理并不复杂。

　　地球公转一周的时间是 $365\frac{1}{4}$ 昼夜，火星是 687 昼夜。假如某一天这

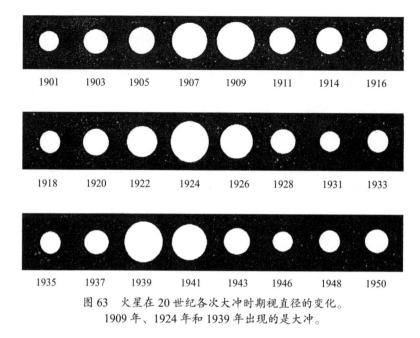

图 63 火星在 20 世纪各次大冲时期视直径的变化。
1909 年、1924 年和 1939 年出现的是大冲。

两颗星相距最近，那么它们再次相隔最近所需要的时间，一定要包括整数年数的地球年和火星年。

换句话说，应当求出下列方程式的整数解：

$$365\frac{1}{4}x = 687y$$

或

$$x = 1.88y$$

得出：

$$\frac{x}{y} = 1.88 = \frac{47}{25}$$

把这个分数化成连分数，可以得到：

$$\frac{47}{25} = 1 + \cfrac{1}{1 + \cfrac{1}{7 + \cfrac{1}{3}}}$$

如果取前三项，可以得到：

$$1+\frac{1}{1}+\frac{1}{7}=\frac{15}{8}$$

我们可以得出，15 个地球年相当于 8 个火星年。也就是说，火星最接近地球的时期，每隔 15 个地球年重复一次（我们把这个问题稍微简化了，两种年数之比取 1.88 而没有取更为精确的 1.8809）。

同理，我们也可以求出木星和地球相距最近的时期隔多少年重复一次。木星的一年大约为 11.86 个地球年（更确切地说是 11.862）。把这个分数化成连分数，可以得到

$$11.86=11\frac{43}{50}=11+\frac{1}{1}+\frac{1}{6}+\frac{1}{7}$$

前面三项的近似值是 $\frac{83}{7}$。也就是说，木星的大冲，每隔 83 个地球年（7 个木星年）重复一次。每到这个时候，木星的视亮度也最大。最近的一次木星大冲出现在 1927 年末，下一次应当是 2010 年。木星和地球之间的距离在 2010 年是 58700 万千米。这就是太阳系中最大的行星距离地球的最近的距离。

3.7 行星抑或小型的太阳？

对太阳系中最大的行星——木星可以提这样的问题。这颗行星可以分成 1300 个地球大小的球，它有极大的引力，迫使成群的卫星围绕它旋转。天文学家发现木星有 11 个卫星，其中最大的四个在几百年前就被伽利略发现了，并用罗马数字 Ⅰ、Ⅱ、Ⅲ、Ⅳ 来表示。Ⅲ、Ⅳ 表示的这两个卫星并不比真正的行星——水星小。我们列出这两个卫星和水星以及火星的直径大小，并给出木星的其他两个卫星和月球的直径：

　　火星：直径 6788 千米

　　木星的卫星Ⅳ：直径 5180 千米

木星的卫星Ⅲ：直径 5150 千米

水星：直径 4850 千米

木星的卫星Ⅰ：直径 3700 千米

月亮：直径 3480 千米

木星的卫星Ⅱ：直径 3220 千米

图 64 是上述表格的图解。大圆代表木星；顺着它的直径并列着的每一个小圆代表一个地球；右边是月球。木星左边的圆是它的四个卫星。月球的右边是火星和水星。

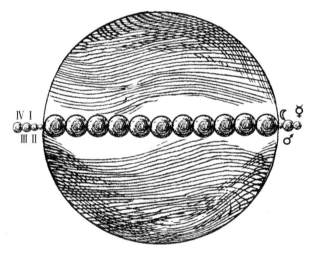

图 64　木星和它的卫星（左边）跟地球（沿直径）、
月球、火星、水星（右边）大小比较。

看这张图的时候，我们应当注意的是，在我们面前的不是立体图而是平面图，各个圆的面积之比并不是它们的体积之比。球的体积跟它们的直径的立方是正比关系。如果木星的直径是地球的 11 倍，那么它的体积就应当是地球的 1300 倍。知道了这一点之后，我们才能纠正从图 64 中所得到的错觉，才能看出木星的真正大小。

至于作为引力中心的木星，它所具有的强大力量，可以从木星和它的卫星之间的距离看出来。以下就是这种距离：

距离	千米数	比值
从地球到月球	380000	1
从木星到卫星Ⅲ	1070000	3
从木星到卫星Ⅳ	1900000	5
从木星到卫星Ⅸ	24000000	63

我们可以看出，木星系统的大小是地球——月球系统的 63 倍，其他行星没有如此分布广泛的卫星系统。

因此，将木星比作小型的太阳并非毫无根据。它的质量等于所有别的行星加在一起的两倍；如果太阳消失的话，木星正好可以代替它的位置，也就是由木星来做中心天体，强迫别的行星围绕它转，虽然速度会慢一些。

木星和太阳的物理构造也有相似的地方。木星上物质的平均密度，是水的 1.3 倍——这和太阳的密度（1.4）相近。然而，木星的形状十分扁平，这一点使科学家认为木星有一个密度极大的核心，核心之外有一层很厚的冰层和大气层。

不久之前，木星和太阳之间的相似性的观点有了进一步的发展。有科学家认为，这个行星没有固体外壳，并且距离自己发光体的阶段并不久。这种看法现在已经被否认了，因为经过对木星温度的直接测量得知，它的温度相当低，是 –140℃！不过，这是对那些飘浮在木星大气上的云层而言的。

木星的低温使我们很难讲清楚它的物理特征，比如说大气中的风暴现象、云状带、红斑等。天文学家们还面临着重重谜团。

不久前在木星上（以及和它相邻的土星上）发现了的确有大量氮气和

沼气存在的证据 ①。

3.8　土星环的消失

1921 年的时候流传着一则耸人听闻的流言：土星环消失了！土星环的碎片要飞向太阳，在路上将会和地球相撞！甚至连这个灾难的日期都说到了……

这个故事可以当做谣言是如何产生的典型例子。这则耸人听闻的谣言产生的原因是，那一年有一段很短的时间内我们看不见土星上的环，依照天文历上的说法是"消失"了。谣言将这两个字理解为严格意义上的物理性消失，也就是说土星的环真的要破碎而消失了。于是，谣言便添油加醋，将其说成是宇宙的灾难；并且环的碎片要落向太阳，并不可避免地和地球相撞。

天文历上这么一则简单的消息，竟然会引起如此大的波澜！那么到底是什么原因导致土星的环突然看不见了呢？土星的环本来是很薄的，厚度只有二三十千米，和它的宽度比较起来，简直就如同一张纸那么薄。所以，当环的侧面朝向太阳，上下两面照不到太阳光的时候，我们就看不到环了。当环的侧面正对着地球的时候，我们也看不见环。

土星的环和地球轨道平面呈 27° 倾斜角，而土星在绕太阳转一周的 29 年中，在它处于其轨道的某条直径上的两个遥遥相对的端点时，那环的侧边就既朝向太阳，又正对着地球（图 65）。在与前者呈 90° 的另外两点上，那环就把最宽的一面向着太阳和地球，这时候天文学家便说环"展露"了。

---

① 在更远的行星天王星，尤其是海王星上面，大气中沼气的含量还要多些。1944 年，又发现土星的最大卫星泰坦上也有由沼气组成的大气。——编者注

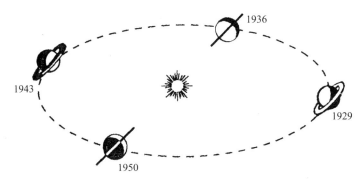

图 65 土星围绕太阳转一周的 29 年里土星的环和太阳的相对位置。

3.9 天文学上的字谜

土星光环的消失，让伽利略十分困惑。他当时已经看见了这个环，但是由于不懂这个环为什么会消失，所以没有完成这个发现。这是个极其有趣的故事。但那时有一种习惯，如果某人凭借自己独创的方法有了某种发现，他一定要设法为自己的发现保留优先权。因而一旦有了某项发现，而这项发现还需要进一步论证的时候，科学家为了不让别人抢先发表，都会采用一种字谜来发表自己的发现。所谓的字谜就是把自己的发现编成一句简洁的话，然后把这句话里的字母顺序打乱。这种办法使得科学家可以争取时间来对自己的发现进行证实。一旦有其他人宣布了这种发现，他就可以提出自己早已发表的那句字谜可以证明自己的发现在先。当他证实了自己的推测是绝对正确的时候，他就可以将自己以前所发表的自行解密。伽利略通过自制的并不完善的望远镜观察到，土星周围似乎有某些附属物，于是他发表了这样一串字母：

Smaismermilmepoetalevmibuneunagttaviras

别人根本不可能猜出这串字母所包含的意思。当时也可以尝试着将这39 个字母进行重新排序，这样就可以发现伽利略这句话的意思了。懂排列理论的人都知道，这 39 个字母的排列方式可以用以下算式求出：

$$\frac{39}{3!\ 5!\ 5!\ 4!\ 5!\ 2!\ 2!\ 3!\ 2!\ 2!\ 2!}$$

这个算式等于：$\dfrac{39!}{2^{19}\times3^6\times5^3}$

这个数目大约由 36 个数字组成（把一年的时间转化成秒，也不过是 8 位数）。现在可以看出，伽利略把自己的秘密保存得多么严密！

和伽利略同时代的意大利科学家开普勒，极具耐心地花费了相当的功夫去研究伽利略这个字谜。最后得出的结论是将伽利略发表的字母删去 3 个，拼成了这样一句拉丁文：

Salve, umbestineum geminata Martia proles.

（向您致敬，孪生子，火星的产生。）

开普勒认为，伽利略发现了火星的两个卫星。他自己也曾认为这两个卫星的存在[①]（火星的卫星的确是 2 个，但是那已经是 250 年之后被确认的事情了）。然而开普勒这次的聪明并没有得逞。当伽利略公布了这个字谜的秘密之后，世人才明白，略去其中的两个字母，就会得到这样一句话：

Altissimam planetam tergeminum observavi.

（我曾看见最高行星有三个。）

原来，由于自制望远镜所存在的缺点，伽利略只看见土星两边好像各有一个附属的东西，加上土星一共三个，但却不知道附属物为何物。几年之后，土星侧面的附属物完全消失了，伽利略就断定自己当时看错了，于是认为，土星周围其实没有什么附属物存在。

---

① 显然，开普勒在这里所依据的是关于行星的卫星个数成级数的假定：已经知道地球有一个卫星，木星有 4 个卫星，他便认为地球和木星之间的火星一定有 2 个卫星。同样的想法也会是以前许多人认定火星的卫星个数是 2。但这个有趣的推测，在 1877 年豪尔利用强大的望远镜发现了火星的卫星确实是两个的时候，才完全得到了证实。

半个世纪之后，土星的光环由惠更斯发现了。跟伽利略一样，他并没有马上发表自己的发现，而是用这样一行字来表示自己的推断：

Aaaaaaacccccdeeeeeghiiiiiiillllmmnnnnnnnnn

ooooppqrrsttttttuuuuu

过了三年，他相信自己的推测是正确的，于是才解开了这个字谜的谜底：

Annulo cingitur, tenui, plano, nusquam cohaerente, ad eclipticam inclinato

（有一条薄而平的环环绕着，它不跟任何东西相接触，跟黄道斜交。）

3.10　比海王星更远的一颗行星

在以前的书中我曾写道，我们所知的太阳系中最远的一颗行星是海王星，它距离太阳的距离是地球离太阳的 30 倍。现在我不能再这么说了，因为 1930 年，我们的太阳又多了一个新成员，就是在比海王星更远的地方围绕太阳运转的冥王星。

这项发现并不完全出人意料。天文学家早就倾向于认为，比海王星更远的地方存在着不知名的星。100 多年前一些人认为，太阳系最远处的行星是天王星。英国数学家亚当斯和法国天文学家勒威耶使用数学方法完成了一项伟大的发现：还有一颗比天王星更远的行星。这个由笔端演算出的行星，后来被人发现，并可以用肉眼观测到。海王星就是这样被发现的。

不过，海王星的存在并不能完全解释天王星的不规则运动。这时就有人提出可能还存在比海王星更远的一颗星的设想。于是数学家们就开始解决这道难题，想找出这颗星。他们提出了很多不同的解决方案：太阳系的这颗星和太阳距离有不同的说法，它的重量也有多种猜测。

1930 年（确切说是 1929 年底），我们的望远镜终于透过太阳系模糊的边际捕捉到了太阳系家族的新成员，也就是后来命名的冥王星。这是由年轻的天文学家汤姆波发现的。

冥王星沿着之前已经提到的一条轨道附近的路径运动。但是一些专家认为，这并不能算是数学家的成功。轨道的重合不过是一种有趣的意外事件罢了。

我们对这个新发现的世界知之多少呢？目前知道的还不多。它距离我们如此遥远，太阳几乎照耀不到它，因此即便使用最强大的工具都很难测量出它的直径。它的直径大约是5900千米，或者说是地球直径的0.47。

冥王星沿着一条极其狭窄的轨道（偏心率是0.25）围绕太阳运转。这条轨道相对地球轨道的倾斜度是17°，离太阳的距离是地球到太阳距离的40倍。冥王星绕太阳一周需要耗费250年。

太阳在冥王星上空的亮度比在地球上空弱1600倍。它看起来如同一个有45秒角度的微小圆盘，这和我们所看见的木星差不多大小。然而，有个问题十分有趣：是冥王星上空的太阳明亮，还是地球上空的满月更明亮呢？

实际上，遥远的冥王星并不像我们想象的那般暗淡无光。地球上的满月比太阳的亮度弱440000倍。冥王星上空的太阳比地球上空的太阳弱1600倍。这就是说，冥王星上空的太阳的亮度是地球上空的满月亮度的275倍（440000÷1600）。如果冥王星的天空也像地球的天空一样明澈的话，那么太阳在它上空的亮度就相当于275个月亮，比圣彼得堡最明亮的夜晚还要亮30倍。因此，把冥王星叫做黑暗的王国是不正确的。

3.11 小行星

我们所讨论的太阳系的八大行星并不能穷尽行星的全部。它们不过是其中比较大的几颗罢了。除此之外，还有很多小行星围绕着太阳运转。这些行星被叫做"小行星"。这些小行星中最大的一颗叫做谷神星，直径为770千米，体积比月球还小。它和月球的体积之比，大约和月球跟地球的体积之比相等。

这颗最大的小行星是19世纪的第一个晚上（1801年1月1日）发现的。19世纪所发现的小行星，有400多个。所有这些小行星都在火星和木星的轨道之间围绕着太阳运转。不久以前，大家都认为小行星的轨道都在这两个行星的轨道间宽阔的间隔以内。

20世纪以来，小行星的范围扩大起来。19世纪末（1898年）所发现的爱神星已经突破了这个范围，因为它的轨道有很大一部分在火星轨道和木星轨道以内。1920年，天文学家又发现了小行星希达尔哥。它的轨道跟木星的轨道相交之后还延伸到距离土星轨道不远的地方。这个小行星还有一点比较特别：在当时所有已知的行星中，它的椭圆形轨道最扁（偏心率为0.66），并且跟地球轨道所成的倾斜角最大，有43°。

还需要顺带指出，它的名字叫希达尔哥，是为了纪念墨西哥革命战争中为祖国独立而于1811年牺牲的英雄希达尔哥和卡斯迪利亚。

1936年发现了另一个偏心率为0.78的小行星，至此小行星的范围就更加扩大了。这颗小行星叫做阿多尼斯。这颗新发现的行星的特点在于：它的轨道的最远一头距离太阳几乎和木星距离太阳一样远，而最近的一端却离水星的轨道不远。

1949年，发现了小行星伊卡鲁斯，它拥有十分特别的轨道。其偏心率等于0.83，距离太阳最远的距离是地球轨道的3倍，最近距离差不多是太阳到地球距离的$\frac{1}{5}$。已知的小行星中，没有任何一颗距离太阳如此近。

小行星的登记法很有趣，这种方法不但可以用来登记小行星，还可以用于别的天文学事例。首先写出小行星发现的年份，后面再用一个字母表示发现的日期是在第几个半月（把一年分成 24 个半月，依次用 24 个字母表示）。

由于在一个月中有可能会发现好几个小行星，那就在后面加上第二个字母，依照发现先后用字母次序来加以区别。如果 24 个字母都用完了，那么就再从头开始，不过需要在这个字母的右下角用一个数字做记号。比如，1932EA$_1$ 所表示的就是在 1932 年 3 月上半月发现的第 25 颗行星。

众多的小行星中，只有少部分才可以用天文仪器观测到，其余的还在人们的视野之外。据推算，太阳系中的小行星数目可以达到 4 万～ 5 万个。

小行星的大小极其不等。像谷神星或者智神星（直径 490 千米）这种巨型小行星的数目极少。直径 100 千米以上的小行星有 70 多个。大多数已知的小行星，直径都在 20 ～ 40 千米之间。还有很多极小的小行星，它们的直径只有 2 ～ 3 千米（极小是天文学家的说法，我们应当知道这是相对的说法）。小行星家族中的成员被发现的虽然只是少数，但是如果将已经发现的和没有发现的质量加在一起，也只相当于地球质量 $\frac{1}{1600}$。人们还认为，使用现代望远镜所能发现的小行星中，已经发现的不过是其中的 5%。

苏联最出色的小行星专家涅维明写道：

"也许有人认为所有的小行星的物理性质都是极其相近的。但实际上，它们之间的差别极大。比如说，就反射太阳光的能力来讲，头四颗小行星就不同：谷神星和智神星的反射能力和地球上的黑色岩层一样，婚神星却和浅色岩石相同，而灶神星又似白雪的反射能力。大家也许会觉得这种现象和大气的折射有关。但是小行星很小，是绝对留不住大气的。所以说，它们不同的反光能力是由于它们表层的物质不同所致。"

有的小行星发出的光辉会有波动，这证明它们的形状是不规则的，也证明它们在自转。

3.12　我们的近邻

前面提到的小行星阿多尼斯，它和别的小行星的区别不但在于它的轨道很大而且十分扁，跟彗星的轨道相似，还在于它离地球非常近。在人们发现阿多尼斯的那一年，它离地球有 150 万千米。当然月球离我们还要近一些，但是尽管月球比小行星还要大，但就等级而言，它还是差了一级，因为月球不是独立的行星，而只是行星的卫星。另一个叫做阿伯伦的小行星，也有资格列入离地球最近的行星之列。在发现这个小行星的那一年，它离地球的距离是 300 万千米。就行星间的距离来说，这样的距离是极短的，因为火星距离地球最近的时候也有 5600 万千米，金星离我们最近的也在 4200 万千米以上。有趣的是，这颗小行星的轨道距离金星有时候还要近一些，只有 20 万千米，这个距离只是月球离地球的一半。我们目前还不曾知道有比它们更接近的两个行星了。

我们这个近邻的行星还有一点值得注意，即它是天文学家已发现的最小的行星之一。它的直径不到 2 千米，甚至还要小些。1937 年发现了一颗叫做赫尔麦斯的行星，它接近地球的时候，离地球的距离和月球差不多（50 万千米）。它的直径不超过 1 千米。

从这个例子来理解天文学家所谓的"小"是很有意思的。一颗袖珍型的小行星，体积有 0.52 立方千米，也就是 520000000 立方米，倘若是由花岗石做的，它的重量就为 1500000000 吨。使用这个重量的花岗石，可以建造像埃及金字塔那样的建筑物 300 座。

由此可见，天文学家口中的"小"，跟我们平常所说的"小"是有着千差万别的。

3.13 木星的同伴

在目前已知的 1600 个小行星中，有一组 15 个左右的小行星的运动十分特别，它们跟古希腊特洛伊战争中的英雄们同名：阿喀琉斯、巴特罗克尔、赫克托耳、涅斯特利安、阿伽门农等。这一组小行星绕太阳的轨道很特别，它们每一个跟木星和太阳无论什么时候都在一个等边三角形的三个顶点上，因此这一组小行星都可以叫做木星的同伴，它们远远地跟着木星前进，有些在木星前面 60°，有些在木星后面 60°，而且它们绕太阳一周所需要的时间也相同。

这些小行星所组成的三角形有很好的平衡性：一旦某颗小行星离开了它应在的位置，引力作用就会把它拉回来。

在这组"特洛伊英雄"发现之前，法国数学家拉格朗日在纯理论研究中，已经提到过这种在三个天体之间的活动平衡。他认为这是一个很有趣的问题，并认为宇宙间很难找得到类似的具体事例。然而热心探索小行星的人却在我们这个行星系统中找到了事实证明。仔细研究这些为数众多的小行星，对天文学的发展是有很重要意义的，这一点从以上论述中可以直观地看出来。①

---

① 小行星的数目继续不断地增加，已经使今天的天文学家觉得是一种麻烦了；已经有人提出，"再去追求小行星数目的增加是完全不合理的。这只能使那些已知的行星的研究受到损害……近年以来发现次数的增多已经使观察的人和计算的人都不能像从前一样好好研究从前的行星了……截至 1934 年 6 月，已登记的行星有 1264 个，其中有一部分（271 个）是处在'受威胁的'位置的：那就是说，它们的轨道知道得极不准确，以致它们颇有失踪的危险……对于新发现的行星，无可避免地应该只去计算和观察其中最明亮、在理论上最有趣的几个"。

3.14 别处的天空

我们已经在想象中飞到月球表面,把地球和别的天体大致看过一遍了。
现在我们想象飞到太阳系的其他行星上,去欣赏另外的天空的景色。

我们首先去游览金星。如果金星上的大气足够透明的话,我们在金星
上看到的太阳就会比在地球上看见的大一倍(图 66)。相应地,太阳洒向金
星的热和光也是地球上的两倍。金星上夜晚的天空有一个星星会特别耀眼,
这就是地球。它在金星天空中的亮度,比我们在地球上所见到的金星亮很
多,虽然二者的大小基本一致。要明白这一点是很容易的。由于金星比地
球距离太阳更近,所以当它最接近地球的时候,我们无法看到它,因为它
没有受到太阳照射的一面朝向我们。直到它走开一些的时候我们才能看见
它,这时候也只能看见它狭窄的月牙形,那只不过是金星表面不大的一部
分。金星天空中的地球,当它跟金星相离最近的时候,却是个完整的圆,

图 66 从地球和其他行星上看见的太阳。

就像我们看见大冲中的火星一样。

因此，金星天空中的地球在全位相的时候，亮度是我们所见的最亮的金星的 6 倍，不过应当指出的是，此时金星的天空应该假定是很清澈的才行。但我们却不能就此认为，金星上的"灰色光"是由于金星上夜的半面受到地球的照明而形成的。地球照在金星上的光，就强度来说，只相当于 35 米之外的一支普通的蜡烛，这显然是不足以使金星产生"灰色光"的。

金星的天空中除了地球光之外，常常还有月光，这里的月光是天狼星的 4 倍强。在整个太阳系中很难找到比金星天空中"地球和月亮"这一系统还亮的了。在金星上的人通常所见到的是分别位于天空中的月亮和地球，而通过望远镜，甚至都可以分辨清楚月亮表面的细节。

金星天空中还有另外一颗很亮的行星——水星。水星是金星的晨星和昏星。从地球上看去，水星也是一颗很亮的星星，天狼星在它面前都会黯然失色。从金星上看水星的亮度，是从地球上看它的 3 倍。此外，看火星的亮度只是地球上所见到的 $\frac{2}{5}$，比我们所看见的木星还要稍微暗一些。

至于那些不动的星星，在太阳系所有行星的天空中的轮廓都是一样的。不论从水星、木星、土星、海王星或者冥王星上来看，这些星系的图案都是一样的，这是因为这些星星离我们实在太远了。

现在我们离开金星，飞到小一些的水星上去。这是一个没有大气、没有昼夜交替的奇怪的世界。水星天空中的太阳是一个很大的圆面，从面积上来讲，相当于地球上空的太阳的 6 倍（见图 66）。地球在水星天空中的亮度，比金星在地球天空中的亮度大 1 倍。金星在此地也是出奇的亮。金星在没有云彩的水星的黑色天空中是如此之亮，太阳系中竟再也找不出另外一颗如此亮的星星了。

现在我们去火星。这里所见到的太阳圆面只有地球上所见的一半大（见图 66）。地球是火星的晨星和昏星，就像金星对地球一样，只不过没有金星这么亮，它跟地球上所见的木星差不多亮。火星上永远也见不到全位相的地球：火星人所见的地球，最大也就是地球表面的 $\frac{3}{4}$。月亮几乎和天狼星一样亮，火星人用肉眼就可以看到。如果使用望远镜的话，无论是地球还是月球的位相变化都可以看到。

火星的天空中最能引起我们注意的是它那颗最近的卫星——福波斯。它的体积很小（直径为 15 千米），但由于它离火星十分近，因此在满轮的时候我们见到的福波斯是我们所见的金星亮度的 25 倍。另外一个卫星德莫斯要暗一些，但在火星的天空中它依旧掩盖了地球的光辉。虽然体积很小，但是由于福波斯距离火星很近，所以从火星上仍旧可清晰地看到它的位相。视力敏锐的人，也许还能见到德莫斯的位相。

在飞到别的星球去之前，我们先去离火星较近的一颗卫星上停留一下。我们从此处可以见到完全异样的风景：这里的天空中有一个无比庞大的圆面，它的位相变化得很快，比我们的月亮亮几千倍，这就是火星。它的圆面所占的视角是 41°。它的大小是月亮的 80 倍。这样的奇景，只有在木星的最近的一颗卫星上才可以观察得到。

我们现在来到了前面所提到过的那颗最大行星的表面上。如果木星的天空足够清晰，那么它天空中的太阳，从体积上讲，就只有地球天空中太阳的 $\frac{1}{25}$（见图 66）。太阳投向木星的日光也只有它投向地球的 $\frac{1}{25}$。这里的白昼只有短短的 5 小时，并且很快就被黑夜所代替。我们下面来寻找一下熟悉的行星。我们可以找到它们，但是它们已经发生了巨大的变化。只有在黄昏的时候才可以通过望远镜观察到金星和地球，它们和太阳一同落山 [①]。火星刚刚能看见，可土星和天狼星却很亮。

木星的天空中占据着显著地位的是它的那些卫星。卫星 I 和 II 跟地球

---

① 地球在木星的天空中的亮度只相当于一个 8 等星。

天空中的金星差不多亮，卫星Ⅲ比金星上所见的地球亮一倍，卫星Ⅳ和Ⅴ比天狼星亮好多倍。至于这些卫星的大小，前四个卫星的视半径比太阳的半径大。前三个卫星每一次运转中都会没入木星的阴影，因此我们永远见不到它们整个圆面的位相。这个地方也有日全食，但是只有木星上极其狭窄的地带才可以观测到。

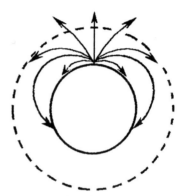

图67　光线在木星的大气中
可能发生的偏折。

木星上的大气很难有地球上的大气那般清澈，因为这里的大气层太厚、太稠密。由于大气的密度极大，木星上还会发生由于光的折射而引起的极其特别的光学现象。地球上光的折射不是很明显，所以我们能看见的天体的位置比它们的实际位置稍高一些（见30页图15）；但在木星上极厚、极稠密的大气条件下，光学现象十分明显。从木星表面所发出的光线（见图67），由于偏折十分厉害，就不可能射到大气层，而是要折向木星表面，像地球大气中的无线电波一样。这样的话，站在发光点的人就能看见一种极不寻常的景致。他会觉得自己仿佛是站在一只大碗的底部。这颗大行星的整个表面差不多都在碗底，靠近碗边的地方发生了很大的紧缩。碗口上空是天空——并不是我们地球上所见的半个天空，而几乎是整个天空，只不过碗边上的轮廓比较暗淡和模糊一些罢了。太阳永远不会离开这个天空，因而半夜的时候我们站在木星上的任何地方都可以见到太阳。然而木星上是否真的有这般不同寻常的景色，现在还很难说清楚。

从木星较近的卫星上所见到的木星也是一道亮丽的风景（图68）。比如说，从它的第五卫星（最近的卫星）上所见到的木星的直径，几乎是月亮的90倍①，其亮度只有太阳的 $\frac{1}{7}$ 到 $\frac{1}{6}$。当它的下边缘接触到地平线的时候，它的上边缘还在半天中。当没入地平线的时候，它的圆面占据着整个地平圈的 $\frac{1}{8}$。在这个快速旋转的圆面上，不时有小黑点掠过，这是木星卫星的阴影。不过这些阴影的影响力并不大，只不过是使这个巨大的行星稍微黯淡了一些而已。

图68　从木星的第三个卫星上所见到的木星。

我们现在到下一个行星——土星上去。我们是想去看看久负盛名的土星光环。

首先，我们会发现并非任何地方都能见到光环。从土星的南北纬64°到南北极之间，一点光环也见不到。站在这个极区的边缘，只能看见环的外缘（图69）。在纬度64°到35°之间，看见的光环越来越阔。在35°纬度的地方，就能欣赏到整个光环带了，这时看到的环的视角最大，有12°。越靠近赤道，见到的环逐渐变窄，同时它们离"地半线"的距离也逐渐增

————————

① 从这个卫星上看见的木星视角直径大于44°。

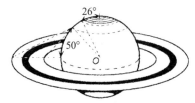

图 69 怎样确定土星表面各点所看到的环的可见度。在土星的极区和 64° 之间，环是一点都看不见的。

高。倘若站在土星的赤道上，就会发现，光环已经升到了天顶，我们只能看到它的侧面了，犹如一条极其狭窄的带子。

上述并未把光环的各种情况都说清楚。还应当注意，光环只有一面被太阳光照亮，另一半仍是阴影。因此，只有站在面对光环被照亮的一面的半个土星上，才能看到照亮了的光环。在土星上的上半年，我们只能在土星的这一半球上看见光环，并且是在白昼的时候。在夜间可以看见环的很短暂的几个小时内，环的一部分要没入土星的阴影里。最后，还有一个有趣的细节，即土星的赤道地区，在许多地球年的时间里都是处在光环的阴影中的。

从土星最近的一个卫星上所看见的土星，毫无疑问是最奇妙的天空景色。土星和它的光环，尤其是在土星呈现月牙形的时候，景致最妙，这样的景致在太阳系中很难找到第二个。天上会出现一个巨大的月牙形，月牙形的腰部有一条狭带横着，这就是环的侧面。一群土星的卫星围绕着这个月牙形和狭带，这些卫星也都是月牙形，不过更小一些。

下表所列的是各个天体在别的行星天空中的亮度对比，依照从大到小的次序排列：

1. 水星天空的金星
2. 金星天空的地球
3. 水星天空的地球
4. 地球天空的金星
5. 火星天空的金星
6. 火星天空的木星
7. 地球天空的火星
8. 金星天空的水星
9. 火星天空的地球
10. 地球天空的木星
11. 金星天空的木星
12. 水星天空的木星
13. 木星天空的土星

大小、质量、密度、卫星数量

行星名称	平均直径			体积（地球=1）	质量（地球=1）	密度		卫星数量
	可视直径	实际直径				地球=1	水=1	
	秒	千米	地球=1					
水星	13~4.7	4700	0.37	0.050	0.054	1.00	5.5	—
金星	64~10	12400	0.97	0.90	0.814	0.92	5.1	—
地球	—	12757	1	1.00	1.000	1.00	5.52	1
火星	25~3.5	6600	0.52	0.14	0.107	0.74	4.1	2
木星	50~30.5	142000	11.2	1295	318.4	0.24	1.35	12
土星	20.5~15	120000	9.5	745	95.2	0.13	0.71	9
天王星	4.2~3.4	51000	4.0	63	14.6	0.23	1.30	5
海王星	2.4~2.2	55000	4.3	78	17.3	0.22	1.20	2

距太阳的距离、公转周期、自转周期、引力

行星名称	平均半径		轨道偏心率	公转周期单位：地球年	在轨道上的平均速度单位：千米/秒	自转周期	赤道与轨道平面倾斜度	引力（地球=1）
	天文单位	百万千米						
水星	0.387	57.9	0.21	0.24	47.8	88日	5.5	0.26
金星	0.723	108.1	0.007	0.62	35	30日？	5.1	0.90
地球	1.000	149.5	0.017	1	29.76	23小时56分	5.52	1
火星	1.524	227.8	0.093	1.88	24	24小时37分	4.1	0.37
木星	5.203	777.8	0.048	11.86	13	9小时55分	1.35	2.64
土星	9.539	1426.1	0.056	29.46	9.6	10小时14分	0.71	1.13
天王星	19.191	2869.1	0.047	84.02	6.8	10小时48分	1.30	0.84
海王星	30.071	4495.7	0.009	164.8	5.4	15小时48分	1.20	1.14

表中第 4、7、10 三项（用波纹线标出）表示的这几种亮度是我们所熟悉的，可以用作估计别的行星天空中天体亮度的标准。从这个表可以看出，地球在接近太阳的几个行星（金星、水星、火星）的天空中的亮度都居首位。在水星的天空中，它也比我们所见到的金星和木星的亮度更大。

在第四章中，我们还会把地球跟别的行星的亮度作更精确的比较。

最后，我们附上一些有关太阳系的数字，供大家参考。

太阳：直径 1390600 千米；体积（地球 =1）1301200；质量（地球 =1）333434；密度（水 =1）1.41。

月亮：直径 3473 千米；体积（地球 =1）0.0203；质量（地球 =1）0.0123；密度（水 =1）3.34；离地球的平均距离是 384400 千米。

120 页图 70 中是几个天体在小型望远镜中被放大了 100 倍的情景。为了比较起见，左边画了一个放大了相同倍数的月亮（这个应当放在离眼睛 25 厘米处观察，亦即明视距离处）。在图的右边，上面是从地球上看见的最近的和最远的水星；其次是金星，下面是火星、木星和它的四个大卫星，以及土星和它的最大的卫星①。

---

① 关于行星的视大小，要知道详细情况可参看作者的《趣味物理学》（续编）第九章。

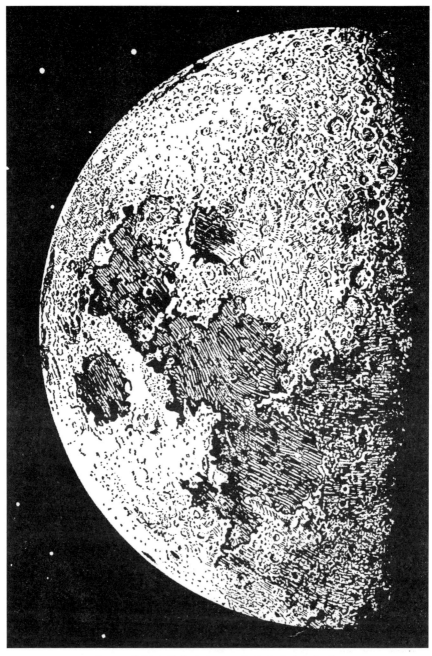

图 70   在望远镜中放大 100 倍后的月球和行星。
距离里，图中的星面才会跟眼睛凑在放大

最近的水星和最远的水星

最近的金星（看不见），最大的
金星的月牙形和最远的金星

最近的火星和最远的火星

木星和它的四个大卫星

土星和它的大卫星

这张图应当放在离眼 25 厘米处看，
在这个 100 倍的望远镜时所见的一样。

第四章　恒星

4.1 恒星为何叫恒星？

肉眼仰望星空，我们看见了闪闪发光的恒星。

恒星发出光芒的原因就在于我们的眼睛。原来我们的眼珠并不十分透明，并不像上好的玻璃那样具有均匀的构造，而只是一种纤维组织。关于这一点，赫尔姆霍尔兹在"视觉理论的成就"中提到过：

"眼睛所见的光点的像，通常并不是发光的，原因就在于构成眼珠的纤维是沿六个方向排列成辐射状的。那些好像从发光点——比如说恒星、远处的灯火所发出的看得见的一束束光线，其实只不过是眼珠的辐射结构的表现而已。眼睛的这一缺陷所造成的影响是很普遍的，所以大家都把一切辐射状的图形叫做星形。"

有一种方法，在不借助望远镜的情况下就能摆脱眼珠这一缺陷的影响，并使我们看见不带光芒的行星。这个方法，400 年前达·芬奇就发现了：

"可以看见不带光芒的星星。只需要用针尖在纸上刺出一个小孔，把眼睛贴在小孔上去看，就会看到一个小得不能再小的星星了。"

这和赫尔姆霍尔兹所说的恒星的光芒[①]所产生的原因并不矛盾。相反，达·芬奇的实验可以证实上述理论：通过一个极小的小孔，我们只是让一条极细小的光线透过我们眼珠的中心部分来到我们的眼睛，这样，眼珠的辐射结构就不再发挥作用了。

因而，如果我们的眼睛构造更完美一些的话，我们就不会看见光芒四射的星星，而只是一些小小的发光点了。

[①] 谈到恒星的光芒，我们指的并不是挤着眼睛看星星时所见的那种好像是从星星上延伸到我们眼里来的光线，而是由睫毛的光的绕射作用所引起的。

4.2 为什么恒星会闪烁，而行星的光芒却很稳定？

即使是不懂天象的人，用肉眼也能分辨出哪一颗是恒星、哪一颗是行星。行星的光是稳定的，恒星却忽明忽暗地闪烁；在离地平线不远处的明亮的恒星，还会不时地变换着颜色。"这种忽明忽暗、忽白忽绿又忽红的光，像晶莹夺目的钻石一般闪烁，使天空显得灵活起来，人们就会不由自主地觉得星星中有一双眼睛正看着地面。"——佛兰马理翁说道。寒夜或者刮风的时候，以及雨后乌云散去的时候，恒星尤其明亮，颜色变化十分厉害[1]。地平线附近的星星比高悬在天空的星星闪烁得更厉害；白星比黄星和红星更闪烁。

和光芒一样，闪烁也不是恒星所固有的性质。星光在达到我们的眼睛之前穿过大气的时候，大气赋予了它们闪烁的外观。如果我们上升到不稳定的大气层上面去，就看不见闪烁的恒星了，我们所看见的就将是稳定不变的星光。

炎热的日子里，由于太阳的炙烤地面发烫，而使得远处的物体看上去像是在颤抖。恒星闪烁的原因也如此。

星光需要穿过的大气层性质是不一样的。各层大气的温度不同、密度不同，所以它们光线偏折的程度也不一样。在这种大气中就好像有许多三棱镜、凸透镜和凹透镜在不断地改变星光的位置。这样，光线在到达地球之前必须经过多次偏折，时而会聚，时而分散。因此，星光就一会儿变暗，一会儿变亮。光线在偏折的同时，还会发生色散。所以，除了明暗变化之外，星光的颜色也在发生变化。

---

[1] 夏天的时候，如果星光闪烁得厉害，那就是要下雨的前兆。因为它表示气旋已经临近。雨前的星光主要是蓝色，天要干旱时的星光是绿色的。

普尔科夫天文台的天文学家季霍夫在研究了星星的闪烁之后写道："有一些方法可以用来计算星光在一定时间内颜色改变的次数。实际上，这种变化非常快，变化的次数因条件的不同从每秒钟几十次到一百多次。要验证这一点很容易：取一个双筒望远镜来观察一颗很亮的星星，同时快速旋转望远镜物镜。这时候，我们就不会看见星星，而是看见一个由许多个色彩各异的星星所组成的光环。在闪烁较慢或者望远镜转动极快的时候，这个环并不会分裂成星星，而只是分裂成许多长短不一、颜色各异的弧。"

现在我们还需要解释的是，为什么行星不像恒星那样闪烁，而是散发着平稳的光芒。相对于恒星而言，行星离我们更近，因此我们的眼睛看见的不是一个个的光点，而是发光的小圆面。这种圆面上的视角小到基本让人觉察不出来。

这种圆面上的每一点所发出的光都在闪烁，然而，各个点的明暗和颜色在不同的时间里都是在各自变动着，因此它们就能相互补充。较暗的点和较亮的点合在一起，使得整个行星的光亮度不会发生变化。行星不闪烁的道理就在于此。

也就是说，之所以我们所看见的行星不闪烁，是因为它上面的各点是在不同的时间闪烁的。

4.3　白天能看见恒星吗？

白昼时位于我们头顶的那些星座，半年前我们曾在夜间见过，半年之后我们还会在夜间看见它们。地球上被照亮的大气妨碍我们在白昼的时候看见它们，因为空气中的微粒所漫射的太阳光比恒星所发出来的光还要

强烈 [①]。

一个很简单的实验就可以帮助我们说明为什么白昼的时候看不见恒星。在一个硬纸匣的侧壁上用针刺几个小孔，使它们像某一星座一样排列，再在壁外贴上一张白纸。将匣子放在一间黑色的屋子里，在匣子里面点上一盏灯。此时，在刺了孔的纸壁上就会出现一些明亮的光点，这就是夜间的天空的星星了。如果在室内开一盏电灯，尽管纸匣子里面的灯还是亮着的，但出现在白纸上的人造星座就会消失了。这和白天时恒星消失的道理是一样的。

我们通常会读到这样的说法：站在深深的坑里、深井里或者高高的烟囱底部，就可以在白天看见恒星了。这种观点很流行，很多名人都相信。但近来已经有人对此进行了认真的考证，并证明这种观点是不成立的。

实际上，就是那些写过这个观点的人，不论是亚里士多德，还是19世纪的约翰赫歇尔，都没有在上述条件下看到过这样的情景。他们都说别人见过。那么这些"亲历者"的证据是否确凿呢？我们通过下面一个有趣的例子就可以知道了。一份美国杂志上曾有这样一篇文章，是说在井底看见白昼的行星是无稽之谈。不过一位农场主来信说，他本人就曾在一个深20米的地窖里，白昼的时候见过五车二和大陵五两颗星。但后来的验证表明，就农场主所在的那个纬度，在信中的季节，这两颗星并没有经过天顶，因此，说在深窖里见过它们完全是无稽之谈。

理论上来讲，矿坑或者深井有助于我们在白昼的时候看见星星也是不成立的。我们已经知道，白天的时候看不见星星是因为它们淹没在天空的光明中了。这种情况并不会随着人眼所处的位置而改变。站在井底的时候，

[①] 从高山上看天，也就是说，把那些密度最大和含尘最多的大气层留在我们脚下，那么在白昼时也可以看见最亮的恒星。比如说在高达5千米的阿拉拉特山顶，下午2点都能将一等星看清楚，那里的天空是蓝色的。

侧面来的光线给井壁遮住了，但井口上面空气柱中的一切微粒依旧会漫射光线，导致我们看不见星星。

这种情况下，只是井壁可以遮住强烈的太阳光，使我们的眼睛能看得更清楚，但这也只能帮助我们看见很亮的行星，而不是恒星。

至于说利用望远镜可以在白昼看见星星，这其实并不是许多人所认为的那是由于"从管底"观察的结果。真正的原因就在于玻璃透镜的折射作用或者反射镜的反光作用，使得被观察的天空显得更暗，而恒星本身却被加亮了。在物镜直径为7厘米的望远镜中，已经可以在白昼的时候看见一等星和二等星了，但深井、矿坑和烟囱是不能和望远镜相提并论的。

然而，金星、木星、大冲时的火星却是另外一种情景。它们比恒星亮得多。所以在适宜的条件下，白昼的时候是可以看见它们的（参见3.1"白昼时的行星"）。

4.4　什么是星等？

就算是不懂天文学的人也都知道有一等星和非一等星的存在。但是比一等星更亮的星星——零等星甚至负等星，人们就不一定听过了。他们可能会觉得这是不合理的，因为天空中最亮的星星是负等星，我们的太阳就是一个"负27等星"。有些人甚至觉得这里的负数概念是不对的，那我们就再次讲述一个说明负数理论发展过程的明显的例子。

我们来细细地分析一下恒星分等的方法。首先应当清楚的是，这里所说的"等"，并不是指星体的大小，而是指它们的亮度。古代的时候，一些在黄昏的时候出现在天空的最亮的星星已经被列为一等星了，之后还有二等星、三等星，一直到肉眼能看见的六等星。这种主观的根据星体亮度的分类方法已经不再令现代天文学家满意了，于是人们制定出了一种更切实的星体分类方法。其理论基础如下：已经知道的一等星的平均亮度（这些星星的亮度也是不同的)，是肉眼可见的最不亮的星星（六等星）的 100 倍。

这样就推算出恒星的亮度比率，也就是前一等星的亮度是次一等星亮度的多少倍。假设一个亮度比率是 n，那么我们可以得到：

一等星的亮度是二等星的 n 倍

二等星的亮度是三等星的 n 倍

三等星的亮度是四等星的 n 倍……

如果把其余各等星的亮度做一个比较，就可以得到：

一等星的亮度是三等星的 n^2 倍

一等星的亮度是四等星的 n^3 倍

一等星的亮度是五等星的 n^4 倍

一等星的亮度是六等星的 n^5 倍.

通过观察可知，$n=\sqrt[5]{100}=2.5$

因此可见，前一等星是后一等星亮度的 2.5 倍[1]。

4.5　恒星代数学

我们来仔细分析一下最亮的恒星组。我们已经知道，这些星星的亮度是不一样的：有的比平均亮度亮几倍，有的又不及平均亮度（它们的平均亮度相当于肉眼刚能看见的星体的 100 倍）。

大家自己就能算出，亮度相当于一等星平均亮度的星星应当如何表示。1 的前面是什么数字？是 0。这就是说，这些星星应当归入"零等星"。那么那些亮度是一等星的 1.5 倍或者 2 倍的星体应当如何表示呢？显然它们

———————
① 严格地讲，这个所谓的亮度比率是 2.512。

应当位于 1 和 0 之间，也就是说，此时的星等应当是正数的小数。人们通常说 0.9 等星、0.6 等星等等，这些星体都比一等星亮。

现在我们就明白了，为什么需要用负数来表示星等了。因为有这么一些星体，它们的亮度超过了零等星，显而易见它们的亮度就应当用 0 以前的数字来表示。这就是为什么会有"负 1 等"、"负 2 等"、"负 1.6 等"、"负 0.9 等"的原因了。

在具体的天文学实践中，星等是用特殊的仪器——光度计来计算的。借助这种仪器，可以把星体的亮度同已知的星体亮度进行比较或者同仪器里的人工星体做比照。

整个天空中最亮的恒星是天狼星，它属于"负 1.6 等"星。老人星（只在南半球可见）的星等是"负 0.9"。北半球天空中最亮的恒星是织女星，它属于 0.1 等。五车二和大角是 0.2 等。参宿七是 0.3 等。南河三是 0.5 等。河鼓二是 0.9 等。（应当注意的是，0.5 等星比 0.9 等星亮，以此类推）。现在我们把天空中最亮的星和它们的星等列表如下（括弧内是星座名称）：

天狼	（大犬座 α 星）	–1.6	参宿四	（猎户座 α 星）	0.9
老人	（南船座 α 星）	–0.9	河鼓二	（天鹰座 α 星）	0.9
南门二	（半人马座 α 星）	0.1	十字二	（南十字座 α 星）	1.1
织女	（天琴座 α 星）	0.1	毕宿五	（金牛座 α 星）	1.1
五车二	（御夫座 α 星）	0.2	北河三	（双子座 β 星）	1.2
大角	（牧夫座 α 星）	0.2	角宿一	（室女座 α 星）	1.2
参宿七	（猎户座 β 星）	0.3	心宿二	（天蝎座 α 星）	1.2
南河三	（小犬座 α 星）	0.5	北落师门	（南鱼座 α 星）	1.3
水委一	（波江座 α 星）	0.6	天津四	（天鹅座 α 星）	1.3
马腹一	（半人马座 β 星）	0.9	轩辕十四	（狮子座 α 星）	1.3

从表中可以看出，刚刚是 1 的星等其实并不存在，即从 0.9 等星跳到

了 1.1 等星、1.2 等星。因此，一等星不过是一个亮度标准，天空中实际上没有这一等星。

应当注意，我们不是根据恒星的物理性质来划分星等的。实际上，这种分类是根据我们的视觉特点而产生的，也就是我们的一切感官均按照韦伯——费希奈尔的精神物理定律所共有的一种效应。这种定律在视觉上的应用是这样说的："当光源的强度按照几何级数变化的时候，亮度的感觉要按照算术级数变化。"（有趣的是，测量音调的高低时，物理学家也是用测定恒星亮度的原则。关于这一点，可以参阅《趣味物理学》和《趣味代数学》。）

熟悉了天文学上的亮度比率之后，我们来进行几个有启发意义的计算。比如说：多少颗三等星合在一起，会和一颗一等星一样亮？已知，一等星的亮度是三等星的 2.5^2 倍，亦即 6.3 倍。也就是说，一定需要 6.3 颗三等星才有一颗一等星亮。同样的道理，15.8 颗四等星才有一颗一等星亮。类似的计算[①]见下表（即多少颗其他等星的星星才有一颗一等星亮）：

二等	三等	四等	五等	六等	七等	十等	十一等	十六等
2.5	6.3	16	40	100	250	4000	10000	100000

从七等星开始，我们的右眼已经看不见了。16 等星需要使用很强的望远镜才能分辨清楚。如果我们的天然视力增加一万倍的话，就可以肉眼看见这些星体；这个时候，它们就像我们所见的六等星那般亮了。

当然，上表中并没有一等星以前的星体。我们挑出几个来进行计算。0.5 等星（南河三）是一等星亮度的 $2.5^{0.5}$ 倍，也就是 1.6 倍。负 0.9 等星（老人星）的亮度是一等星的 $2.5^{1.9}$ 倍，亦即 5.7 倍。而负 1.6 等星（天狼星）是一等星亮度的 $2.5^{2.6}$ 倍，也就是 10.8 倍。

最后还有一个很有趣的计算：多少颗一等星在一起才可以代替肉眼所

---

① "亮度比率"的对数很简单，为 0.4。利用这个对数，可以使计算变得很容易。

见的星空中的全部光辉呢？

半个天球上的一等星数目为 10 个。我们已经知道，后一等星大约是前一等星的 3 倍多，它们的亮度比率是 1∶2.5。所以要求的数目等于下列级数的和：

$$10+\left(10\times3\times\frac{1}{2.5}\right)+\left(10\times3^2\times\frac{1}{2.5^2}\right)+\cdots\cdots$$
$$+\left(10\times3^5\times\frac{1}{2.5^2}\right)$$

可以算出：

$$\frac{10\times\left(\frac{3}{2.5}\right)^6-10}{\frac{3}{2.5}-1}=95$$

因此，半个天球上肉眼可见的全部星星的亮度的总和大约等于 100 个一等星（或者一个负四等星）。

如果我们把题目中的"肉眼"改成"现代望远镜"，那么半个天球上的全部星星的光辉大约相当于 1100 个一等星（或者一个"负 6.6 等"星）。

4.6　眼睛和望远镜

我们来比较用望远镜所看见的星和肉眼所见的星。

瞳仁在夜间看东西的直径平均是 7 毫米。如果一个望远镜的物镜直径是 5 厘米，那么通过它的光线是通过瞳仁的 $\left(\frac{50}{7}\right)^2$ 倍，也就是大约 50 倍。如果物镜的直径是 50 厘米，透过的光线就是 5000 倍。这就是望远镜能把所观察到的星星的亮度增加的倍数。以上阐述只适用于恒星，行星的情形不一样。在计算行星的像的亮度的时候，还需要考虑到望远镜的光学放大率。

知道了这一点之后，就应当知道如果需要看见某一等星的星星，那所需的望远镜的物镜应当是多大。但还应当知道，当这种望远镜的直径是一个已知数的时候，那最多可以看见哪一等的星体。假设我们知道，用镜筒直径为 64 厘米的望远镜可以看清 15 等以内的星，那么要看清楚 16 等星需要多大的物镜呢？我们得到了这样的一个算式：

$$\frac{x^2}{64^2} = 2.5$$

此处 x 表示的是需要求得的物镜直径。算出的结果是：

$$x = 64\sqrt{2.5} \approx 100 \text{ 厘米}$$

也就是说需要一个物镜直径大约是 1 米的望远镜才行。一般来讲，要把望远镜能看到的星等提高一等，就需要把物镜的直径增加到原来的 $\sqrt{2.5}$，即 1.6 倍。

4.7　太阳和月球的星等

恒星的亮度比率除了可以用来评价恒星的亮度之外，还适用于其他星体：行星、太阳和月亮。关于行星的亮度，我们还会专门讨论，此处我们只研究太阳和月球的星等。太阳的星等是–26.8，满月的星等[1]是–12.6。通过上述内容，读者应当明白为什么这两个数字都是负值了。但是太阳和月球之间星等差别并不大，这一点可能会引起大家的不解。

但我们不要忘了，星等实际上不过是用 2.5 做底的对数。用一个数的对数来除以另一个数的对数是无法比较这两个数的大小的，同样，也不能用一个星等来除以另一个星等，但我们可以通过以下的计算来正确比较这两个星等的大小关系。

如果说太阳的星等是负 26.8，这就是说，太阳的亮度是一等星的 $2.5^{27.8}$ 倍。

而满月的亮度是一等星的 $2.5^{13.6}$ 倍。

由此而知，太阳的亮度是满月亮度的 $\frac{2.5^{27.8}}{2.5^{13.6}} = 2.5^{14.2}$ 倍。

---

① 上弦月和下弦月的星等是负 9。

使用对数表，我们可知道这个数目等于447000。这才是太阳和月球亮度的正确比率：晴天的太阳比无云的满月大约亮447000倍。

月球所反射的热量大约跟它所反射的光线成正比。因此，月球反射到太阳上的热量只相当于太阳所射来的 $\frac{1}{447000}$。已知地球大气边际上的每一平方厘米面积每分钟可以得到太阳大约2小卡的热量，那么月球每分钟射向一平方厘米地面的热量肯定不会超过一小卡的 $\frac{1}{220000}$（也就是说，只能使1克水的温度在一分钟内升高 $\frac{1}{220000}$ ℃。）。由此可见，月光对于地球上的气候有影响的观点是不成立的[①]。

有一种流行的观点认为，云层常常会在月光下消散，这也是不对的。实际上，云在夜间由于别的原因消散的情景，只有在月明的时候才可以看见。

我们现在撇开月球，来看看太阳的亮度是整个天空中最亮的恒星天狼星的多少倍。运用以前所用的方法，可以得出：

$$\frac{2.5^{7.8}}{2.5^{2.6}} = 2.5^{25.2} = 10,000,000,000$$

也就是说，太阳比天狼星亮100亿倍。

下面一个计算也很有趣：满月的光辉比整个星空中肉眼所见的半个天球的全部星体加在一起的光强多少倍？我们已经知道，从一等星到六等星全部加在一起的光辉才相当于100个一等星。因此，这个问题可以转化成：满月的光比100个一等星亮多少倍？

这个比率等于

$$\frac{2.5^{13.6}}{100} = 3000$$

因此，在晴朗的夜晚，我们从星空得到的光辉，只是满月的时候的 $\frac{1}{3000}$，也就是晴天日光的3000×447000或者说13亿分之一。

还要补充说明一下，把一根国际标准的烛光挡在一米的距离之外，相当于

[①] 关于月亮能够以它的引力影响地面上的气候，参见本书末5.17"月球和气候"。

一个负 14.2 等星。但是这个烛光的亮度却是满月的 $2.5^{14.2-12.6}$ 倍或者 4.3 倍。

还需要说明的是，飞机场所安装的 20 亿烛光的探照灯，从月球上看的时候，应当如同一个肉眼所能够看见的 4.5 等星。

4.8 恒星和太阳的真实亮度

至此，我们所计算的所有恒星的亮度，都只是它们的可见亮度。星等所反映的也只不过是天体在它们每个真实距离上使我们的视觉所感受到的亮度。但我们很清楚，恒星离我们的距离并不一样，因此，恒星的亮度不仅表示它们的真实亮度，还表示它们和我们的距离。最重要的就是需要知道，倘若各个星体跟我们的距离是一样的话，那它们的比较亮度或者"发光本领"究竟怎么样。

提出这个问题之后，天文学家就引入了绝对星等概念。所谓的绝对星等指的就是，假如这颗星离我们的距离是 10 秒差距时候的星等。秒差距是测量恒星间距离的一种特殊的长度单位。关于秒差距的来源我们以后会专门讲述，此处只简单地说，1 秒差距大约为 300000000000000 千米。如果我们知道了星星的距离，又知道星的亮度应当和距离的平方成反比，那绝对星等的算法本身就不难[①] 了。

---

① 这个计算可以使用这样一个公式：

$$2.5^M = 2.5^m \times \left(\frac{\pi}{0.1}\right)^2$$

关于这个公式是如何得到的，读者在对"秒差距"和"视差"有所了解之后就会明白了。式中的 M 指的是恒星的绝对星等，m 是它的视星等，π 代表恒星的视差，单位为秒。把这个公式改动一下得到：

$$2.5^M = 2.5m \times 100\pi^2$$

$$M \lg 2.5 = m \lg 2.5 + 2 + 2 \lg\pi$$

$$0.4M = 0.4\,m + 2 + 2 \lg\pi$$

由此求出 $\qquad M = m + 5 + 5 \lg\pi$

以天狼星为例，$m = -1.6$，$\pi = 0''.38$，于是它的绝对星等是

$$M = -1.6 + 5 + 5 \lg 0''.38 = 1.3$$

我们只介绍给读者两个结果：天狼星和太阳的绝对星等。天狼星的绝对星等是 +1.3，太阳的是 +4.7。也就是说，如果天狼星距离我们 300000000000000 千米，在我们眼里它就会是一个 1.3 等星；在相同的条件下，太阳会是一个 4.7 等星。这时候，天狼星的绝对亮度是太阳绝对亮度的

$$\frac{2.5^{3.7}}{2.5^{0.3}} = 2.5^{3.4} = 25 \text{ 倍}。$$

但实际上，太阳的视亮度是天狼星的 10000000000 倍。

我们可以得出结论：太阳远远不是天空中最亮的星体，但我们也不应当认为太阳在它周围的恒星中只是一个小角色，因为它的发光能力依旧在平均数之上。根据恒星统计数据可知，在太阳周围 10 秒差距以内的恒星中，发光能力平均数相当于绝对星等 9 等星。太阳的绝对星等是 4.7，所以它的绝对亮度是周围众星的

$$\frac{2.5^{8}}{2.5^{3}} = 2.5^{4.3} = 50 \text{ 倍}。$$

即便太阳的绝对亮度只有天狼星的 $\frac{1}{25}$，但它还是周围星体平均亮度的 50 倍。

4.9　已知星体中最亮的恒星

发光能力最强的一颗星是我们肉眼所看不见的 8 等小星剑鱼座的 S 星。剑鱼星座位于南天，所以在北半球温带地区是看不见的。我们所说的这个小星，是在我们相邻的星系——小麦哲伦云之内的。小麦哲伦云距离我们大约是天狼星距离我们的 12000 倍。如此遥远的一颗星星，应当拥有相当大的发光能力，才能至少被称作 8 等星。天狼星如果处于这样的位置，就只会是一个 17 等星，只有通过最强的望远镜才能勉强看得到。

那么这颗有趣的星体的发光能力怎么样呢？计算的结果是负 8 等星。这就是说，这颗星的亮度大约是太阳的 100000 倍。发光能力如此强悍的一

颗星，倘若处在天狼星的位置，它的亮度就会在天狼星的前 9 等，也就是说它跟上弦月和下弦月差不多亮。如果一个在天狼星位置上的星星，并能让地球上的人看见它如此强的发光能力，毫无疑问就应当是整个宇宙中所知的最亮的星体了。

4.10　地球天空和其他天空的行星的星等

现在我们继续在"别处的天空"一节所做的想象中进行行星旅行，以此对各个行星上天体的亮度进行更为精确的估算。首先指出地球天空中各行星最亮的时候的星等，见下表：

在地球的天空

金星	−4.3	土星	−0.4
火星	−2.8	天王星	+5.7
木星	−2.5	海王星	+7.6
水星	−1.2		

从表中可以看出，金星差不多比木星亮两等，亮度是木星的 $2.5^2=6.25$ 倍，是天狼星的 $2.5^{2.8}=13$ 倍（天狼星是负 1.6 等星）。从这个表中还可以知道，最暗的行星土星，也比天狼星和老人星以外的一切恒星要亮。行星（金星和木星）有时在白天肉眼也可见，但却完全看不到恒星，就是这个道理。

现在我们给出各种天体在金星、火星和木星的天空的亮度表。此处我们不再加以解释，因为这不过是把"别处的天空"一节所说的话，用数字表示出来了而已：

在火星的天空

太阳	−26	木星	−2.8
卫星福波斯	−8	地球	−2.6

卫星德伊莫斯	–3.7	水星	–0.8
金星	–3.2	土星	–0.6

在金星的天空

太阳	–27.5	木星	–2.4
地球	–6.6	地球的月球	–2.4
水星	–2.7	土星	–0.5

在木星的天空

太阳	–23	卫星 IV	–3.3
卫星 I	–7.7	卫星 V	–2.8
卫星 II	–6.4	土星	–2
卫星 III	–5.6	金星	–0.3

行星的亮度从它们各自的卫星上看时，最亮的要算卫星福波斯天空的满轮火星（–22.5），其次是卫星 V 天空的满轮的木星（–21）和卫星密麻斯天空满轮的土星（–20）；土星的亮度大约是太阳的 $\frac{1}{5}$。

这里还有一张各行星相互看到的亮度表。此表很有意义。依照亮度排列：

星等		星等	
水星天空的金星	–7.7	金星天空的水星	–2.7
金星天空的地球	–6.6	水星天空的地球	–2.6
水星天空的地球	–5	地球天空的木星	–2.5
地球天空的金星	–4.4	金星天空的木星	–2.4
火星天空的金星	–3.2	水星天空的木星	–2.2
火星天空的木星	–2.8	木星天空的土星	–2
地球天空的火星	–2.8		

这个表表示，在几大行星的天空中，最亮的星是：水星上空的金星、金星上空的地球和水星上空的地球。

4.11 望远镜为何不会将恒星放大？

第一次使用望远镜观看恒星的人对这一点十分诧异，即望远镜虽然能把行星放大，但却不会把恒星放大，反而会把它们缩小，变成没有圆面的光点。第一位使用望远镜观察天空的伽利略就注意到了这一点。在使用自制的望远镜观察之后，他写道：

"使用望远镜观察的时候，值得注意的是行星和恒星的形状差异。行星是个小圆面，轮廓清晰，仿佛一个小月亮；恒星的轮廓却没法看清楚。望远镜只是增加了恒星的亮度，而 5 等星和 6 等星的亮度和最亮的恒星天狼星不同。"

为了说明望远镜为何不能将恒星放大，应当首先提一下视觉的生理和物理特征。当我们观察离我们远去的人的时候，他在我们的视网膜上的成像会越来越小。等到他离开相当远的距离时，此人的头部和足部在我们的视网膜上会离得非常近，以至于不会落在不同的神经末梢上，而是只落在一个神经末梢上。这时候的人像，就会给我们一个没有轮廓的印象。对大多数人而言，当物理的视角缩小到 1′ 的时候，就会产生这种印象。而望远镜的功用就是将人眼看物的视角放大，即能将物体像的每一细节均伸展到视网膜上相连的几个神经末梢上。因此，当我们通过一个望远镜看物体的视角是我们在同距离用肉眼看该物体视角的 100 倍时，我们就认为望远镜将这个物体放大了 100 倍。如果物体的某一细节在放大之后的视角依旧小于 1′，那么用这样的望远镜来观察物体还是不够的了。

不难算出，一台能够放大 1000 倍的望远镜要看清楚月球上的细节，那它至少应当有 110 米的直径；而要能看清楚太阳上的细节，那它至少应当有 40 千米的直径。如果把这种计算引用到最近的恒星的话，其数字则要大到 12000000 千米。

太阳的直径是这个数的 $\frac{1}{8.5}$。这就是说，如果将太阳移到这个恒星上面去，使用能放大 1000 倍的望远镜，那太阳的像也只会是一个点。最近的那颗恒星的体积应当是太阳的 600 倍，才有可能在最强大的望远镜里看成一个圆面的像。如果一颗恒星处在天狼星的位置，我们需要它在最强大的望远镜里看成是一个圆面的话，那它的体积应当是太阳的 500 倍。由于大多数恒星的位置都比天狼星远，平均大小又不比太阳大，所以即便是使用最强大的望远镜，我们所看见的恒星也都只是一些光点罢了。

天空中没有这样一个恒星，它的视角比我们站在 10 千米的地方看一个别针针头的视角更大；也没有这样一台望远镜，能把这样的物体放大成一个圆面。事实上，用望远镜观察太阳系中的天体的时候，放大率越大，它们的圆面会显得越大。然而就像我们所提过的一样，天文学家在此又碰到了别的不便，即成像越是被放大，它的亮度会越弱，分清其中的细节就会越发困难。所以，在观察行星，尤其是彗星的时候，只能利用中等放大率的望远镜。

读者朋友也许会问这样的问题："既然望远镜不能将恒星放大，又为何要使用望远镜来观察呢？"

在看了前面章节中所讲的内容之后，其实已经没有必要多讲了。望远镜虽然不能将恒星放大，但却能够增加亮度，所以能使我们看到更多的恒星。

此外，借助望远镜还可以将肉眼所见的一颗星分辨出是几颗星来。望远镜不能放大恒星的视直径，但是可以将星星之间的视距放大。因此，在肉眼只见到一颗星的地方，望远镜却可以看出两颗、三颗甚至好几颗行星来（见图 71）。有的星团，在肉眼看来仿佛只是一个光点，甚至什么也没有，但借助望远镜，往往就会看见那是成千上万颗独立的星星。

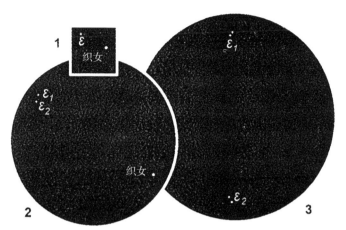

图 71　织女星附近的同一个恒星：（1）肉眼所见的情景；
（2）使用双筒镜观看；（3）使用望远镜观看。

最后，望远镜的第三个作用在于：在区分星星的时候，它可以把视角测量得十分精确。在使用现代巨型望远镜拍摄的照片中，天文学家所测定的视角可以小到 $0''.01$。只有将一枚铜币放在 1000 米之外或者将一根头发放在 100 米之外时，视角才会如此之小！

4.12　以前是如何测量恒星的直径的？

我们已经知道，即便使用最强大的望远镜也无法看到恒星的直径。不久前有关恒星大小的言论都是一些猜测。大家都说恒星的平均大小和太阳差不多，但是却没有人可以证明这种说法的正确性。

由于需要比我们现在所拥有的更为强大的望远镜才能分辨恒星的直径，因此，这个有关恒星真实直径的问题似乎是无法解决的。

这种情况一直持续到 1920 年，当时所采用的新方法和仪器为天文学家测量恒星的真正大小开辟了道路。

天文学上的这一最新成就得益于它忠实的盟友物理学。物理学不止一次地帮助过天文学。

我们现在来讲讲根据光的干涉现象测量恒星真正大小的方法。

为了解释清楚这种测量方法的原理，我们来做这样一个实验，需要的几种简单的仪器是：一台放大率为30倍的小型望远镜、一个离望远镜10～15米的明亮的光源，再用一张幕把这个光源遮住，幕上留一条只有十分之几毫米宽的直缝。用一个不透明的盖子盖住物镜，盖子上有两个相隔15毫米、直径大约为3毫米的圆孔，且位于沿水平线和物镜中心对称的地方（图72）。

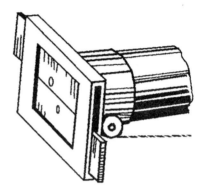

图 72　测量恒星直径的干涉仪器，物镜前的盖子上有两个可以移动的小孔。

不使用盖子的时候，望远镜里看到的缝是狭长的，两侧还有暗弱得多的条纹。装上盖子之后，中央那条明亮的狭线上有许多垂直的黑暗条纹。这些条纹是经过盖子上两个小孔的两条光束彼此干涉的结果。如果把其中一个小孔遮住，这些条纹就会消失。

如果物镜前面的两个小孔可以移动，它们中间的距离就可以随意改变，那么它们相隔越远，那黑色的条纹就会越不清晰，直到消失。知道了条纹消失时两孔的距离，就可以判断观察的人所看到的狭缝的视角大小。如果知道狭缝和观察者之间的距离，就可以算出狭缝的真实宽度来。如果，我们使用的不是一条狭缝而是一个小的圆孔，要确定这个"圆缝"的宽度（也就是小圆孔的直径），使用的方法还是一样的，但是所得的角度需要乘以1.22。

在测量恒星的直径时我们遵循的也是同样的方法，不过恒星的直径看起来太小了，所以必须使用极其强大的望远镜。

除了上述的干涉仪之外，还有一种就是根据它们光谱研究的方法来测定恒星的真实直径。

天文学家根据恒星的光谱就可以求出恒星的温度。知道了温度，就可以算出1平方厘米的表面所辐射的能量。此外，如果知道了恒星的距离和视亮度，那它表面的辐射量也可以求出来。用前一个数字来除后一个数字，便是恒星表面的大小，接下来就可以算出其直径了。比如说，我们已知，五车二的直径是太阳直径的12倍、参宿四是360倍、天狼星是2倍，织女星是2.5倍，而天狼星的伴星是太阳的2%。

4.13　恒星世界的巨人

计算出的恒星直径结果确实是很惊人的。天文学家以前都没料到，银河系中竟有如此庞大的星。第一颗于1920年测定的真实大小的恒星是猎户座α星参宿四，它的直径比火星轨道直径还大！另外一颗星是天蝎座中最亮的星心宿二，其直径大约是地球轨道直径的1.5倍（图73）。在已经发现的巨大恒星中，还应当提到的是鲸鱼座的一颗星，它的直径是太阳的330倍。

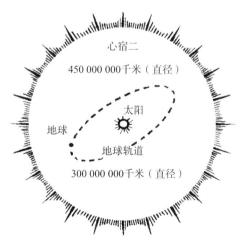

图73　天蝎座的巨星心宿二，它可以将我们的太阳和地球轨道都包含在内。

我们现在来讲讲这些巨星的物理构造。计算表明，这些巨星虽然拥有极其庞大的外表，但所含的物质却和大小极不相称。它们的重量只是太阳的几倍；然而它们的体积，例如参宿四，却是太阳的 40000000 倍，因此它们的密度之小可想而知。假设太阳物质的平均密度和水接近，那么巨星的密度就会和大气相仿。按照一位天文学家的说法，这样的恒星很像密度比空气还小的庞大的气球。

4.14　出人意料的计算

联系前面所讲述的内容，我们来看这样一个有趣的问题：如果把天空中所有恒星的像连在一起，会占据多大的地方呢？

我们已经知道，望远镜里所见的全部恒星的光辉加在一起，相当于一个负 6.6 等星。一颗负 6.6 等星的亮度比太阳暗 20 等，也就是说，太阳光是它的 100000000 倍。如果我们将太阳表面的温度算作所有恒星的平均数，那么我们想象中的这颗星一定是太阳视面积的 $\dfrac{1}{100000000}$ 倍。圆的直径和表面积的平方根成正比，因此，这颗星的视直径就应当是太阳直径的 $\dfrac{1}{10000}$，换句话说，它等于：30′÷10000，结果大约是 0.2″。

这个结果是让人吃惊的，即全部星星的视面积加在一起在天空占据的地方，居然和一个视角直径是 0.2″ 的小圆面一般大。天空含有 41253 个平方度。因此可以简单地算出，可见的星星合起来只占了整个天空面积的 200 亿分之一。

4.15　最重的物质

在宇宙深处所发现的奇景中，最稀奇的恐怕就是天狼星附近的一颗小星了。这颗星所含的物质，竟比同体积的水重 60000 倍！我们拿一杯水银在手中，就会惊叹它有 3 千克重而感到诧异。但是，这颗星的一杯物质便有 12 吨重，需要用一节运货的火车才拉得动！这听起来有些荒唐，但这正是天文学的最新发现。

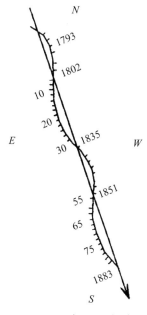

图 74　天狼星在 1793 年到 1883 年间在众星中的弯曲的运动路线。

这项发现是一个很长的故事，并且具有相当的启发意义。我们早就知道，天狼星并不是沿直线在众星中运动，而是一条奇怪的曲线（图 74）。为了说明天狼星运行轨道的特点，著名天文学家培赛尔推断说，天狼星一定有一个伴星，它的引力扰乱了天狼星的运动。这是 1844 年的事——勒威耶发现海王星的前两年。1862 年，培赛尔已经去世，他的推断却被证实了，人们从望远镜里发现了他所猜测的那颗伴星。

天狼星的伴星——所谓的"天狼 B"星，绕主星运转一周的时间是 49 年，离主星大约相当于地球离太阳的 20 倍（也就是差不多为海王星离太阳的距离，图 75）。这是一颗 8 ～ 9 等暗星，但它的质量极其大，几乎是太阳的 0.8 倍[①]。太阳如果位于天狼星的距离，那就一定会是颗 3 等星。所以，如果把这颗星放大，使它的表面跟太阳的表面之比等于它们的质量之比，那么，这颗星就会和一颗 4 等星一样亮，而不是一个 8 ～ 9 等星。天文学家起初认为，这颗星亮度较低是由于它表面的温度低，因此把它看成一个

---

① 很可能，这个伴星自己还有一个伴星，一个很暗的星，大约每 1.5 个地球年绕着它转一周。因此，天狼星可能是个三合星。

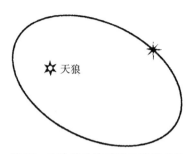

图 75　天狼星的伴星绕天狼星的轨道（天狼星并不在可视椭圆形的焦点，因为椭圆形已经由于投影的原因发生了歪曲，我们看见的它的轨道平面是倾斜的）。

冷却的太阳，表面覆盖着一层固体壳。

但这种假设是错误的。后来知道，天狼星的这颗伴星，虽然亮度很低，但却绝不是一个将要熄灭的恒星，而是一个表面温度比太阳温度还高得多的恒星。这完全改变了人们的看法。这颗星很暗的原因，只是因为它的表面小。已经计算出，它发射的光是太阳的 $\frac{1}{360}$，由此可见它的表面至少也应当是太阳的 $\frac{1}{360}$；它的半径是太阳半径的 $\frac{1}{\sqrt{360}}$，亦即 $\frac{1}{19}$。由此得出，天狼星的伴星的体积是太阳的 $\frac{1}{6800}$。同时，它的质量差不多是太阳的 0.8 倍。单单这一点就已经说明这个恒星的密度极大。更为精确的计算显示，这颗星的直径为 40000 千米，因此它的密度就是水的 60000 倍（图 76）。

图 76　天狼星的伴星的物质密度是水的 60000 倍。
几立方厘米的物质就会和 30 个人的重量相等。

"警惕些吧，物理学家们，你们的领域要被侵犯了。"——这是开普勒的话。当然，他说这话是有别的缘故的。事实上，到目前为止，还没有一个物理学家可以设想过类似的事情。普通条件下，这样的密度是完全难以想象的。因为固体状态下的普通原子中间的空间已经够小了，再要进行压缩是不可能的了。不过，还存在着所谓的"残破的"原子，也就是失去了绕核旋转的电子的原子。这样的原子完全是另一种情形。原子失去了电子之后，直径就会小到原来的 $\frac{1}{1000}$，但同时重量却不会减少。一个原子核和一个普通原子的比例，大约是一只苍蝇和一所大房子的比例。这些极小的原子核，在星球中心部分极大的压力作用下就会互相靠近，它们之间的距离会小到普通原子之间距离的几千分之一，这样就形成了密度如同天狼星伴星的物质。不过，这里所说的密度还不够大，还有别的密度更高的恒星。有一颗12 等星，大小不会超过地球，但它所含物质的密度却是水的 400000 倍！

但这也并非最大的密度。理论上来讲，还存在着密度更大的物质。原子核的直径不过是原子直径的 $\frac{1}{10000}$，所以它的体积就是原子体积的 $(\frac{1}{10})^{12}$。1 立方米的金属所含的原子核体积大约是 $\frac{1}{10000}$ 立方毫米，然而这块金属的全部重量都集中在这一小点体积里。这样，1 立方厘米的原子核大约重 1000 万吨（图 77）。

综上所述，当我们说到有的星球的平均密度是天狼星 B 星的 500 倍时，便不再觉得不可信了。这颗星便是 1935 年所发现的仙后座里的一颗 13 等星。就体积而言，它比不上火星，只相当于地球的 $\frac{1}{8}$；就质量而言，却是太阳的 2 倍多（确切地说是 2.8 倍）。如果用普通单位来表示，这颗星的平均密度是每立方厘米 36000000 克。这就意味着，1 立方厘米的这种物质，在地球上重 36 吨！这种物质的密度是黄金的 200 万倍 [①]。

---

① 在这颗星的中心部分，物质的密度达到令人难以相信的地步，大约是每立方厘米 100 亿克。

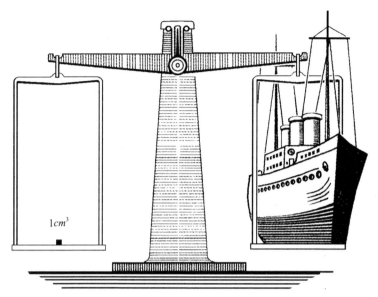

图 77   1 立方厘米的原子核，可以和一条大洋上的轮船一样重。
当原子核挤得足够紧的时候，1 立方厘米的原子核可以重达 1000 万吨。

至于 1 立方厘米的这种物质在那颗星球上的重量，我们会在第五章谈到。

以前科学家们认为密度比白金大几百万倍的物质是绝不会存在的。

但是，在浩渺的宇宙中，一定还会有很多类似的奇观异景。

4.16   为何把这类星叫做恒星？

古代人将这类星命名为恒星的时候，是想借此来强调它们与行星的不同点：它们在天空中的位置总是保持不变。当然，它们也会参加整个天空中环绕地球的昼夜升沉运动，但这种运动并不会改变它们之间的相对位置。而同恒星相比，行星的位置总是在不断发生变化，它们在众星间穿梭，因而获得了行星的名称。

现在我们知道，把恒星世界看成是无数不动太阳的集合体的观点是不对的。包括我们的太阳在内的所有恒星[①]，彼此都在做相对运动，其运动的平均速度是每秒钟 30 千米，这和地球的公转速度相同。也就是说，恒星并非静止不动的。相反，在恒星世界里，有的星体的速度在行星中是见不到的。有颗叫做"飞星"的恒星，和太阳的相对速度达到每秒钟 250 到 300 千米。

然而，如果我们所见到的全部恒星都在高速度地做无秩序的运动，每年要走几十万万千米，那为何我们看不到这种疯狂的运动呢？为什么自古以来的恒星图基本上就没有发生变化呢？

其中的道理并不难想象。这是因为恒星离我们实在太远了。大家有站在高处看远处地平线上飞驰的火车的经历吗？难道这种情况下大家不是觉得这火车是如同乌龟般地在慢慢爬行吗？近处的人看起来头晕的速度，在远处的人看来竟然是乌龟般的爬行！恒星的运动也是同样的道理，只不过观察者和运动物体之间的距离太远太远罢了。最亮的恒星，平均比其他恒星离我们稍近，具体来讲，它离我们有 800 万万千米；这么遥远的一颗星一年内移动了 10 万万千米，也就是说，它和我们之间的距离缩小了 80 万分之一。

从地球上看这些星体移动的视角还不到 0.25 秒，使用极其精确的仪器也只能刚好分辨出来。如果用肉眼观看的话，就是看上几百年，也什么都看不出来。因此，只有使用仪器进行测量，我们才知道恒星确实是在运动（图 78，图 79，图 80）。

因此，虽然恒星是在高速运动，但是在我们的肉眼看来，它们仍是恒久不动的，所以把它们叫做恒星是完全有道理的。

---

① 这里所说的"我们的"恒星系统指的就是我们银河系里的所有恒星。

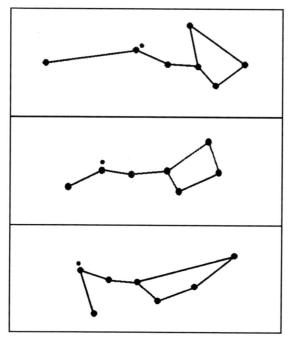

图78　星座的形状变化很缓慢。中间的图形表示的
是大熊星座现在的形状；上图是它10万年前的样子；
下图是10万年之后的形状。

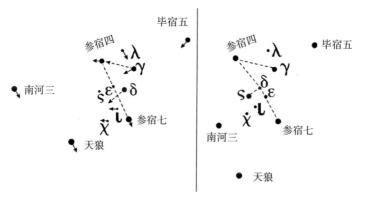

图79　猎户座的恒星运动方向。左图是现在的形状，
经过5万年之后变成右图的形状。

从上述内容读者可以自己总结出，虽然恒星在快速地运动，但是它们之间相遇的概率微乎其微（图81）。

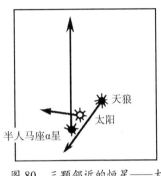

图 80　三颗邻近的恒星——太阳、半人马座 α 星和天狼星的运动方向。

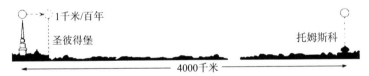

图 81　恒星运动比例图。两颗棒球，一个位于圣彼得堡，一个位于托姆斯科。每一百年，它们之间的距离接近 1 千米（两颗恒星之间的情况相似，只不过这是缩小了的比例图）。从图中可以明显看出，恒星之间相撞的概率微乎其微。

4.17　恒星距离的尺度

测量长度的大单位有千米、海里（1852 米）等。这些单位用于地面测量已经足够，但是用于天体测量就微不足道了。如果用它们来测量天体距离的话，就会如同用毫米来测量铁路一样不方便。举例来讲，木星到太阳的距离，以千米为单位，是 78000 万；十月铁路的长度，用毫米作单位，是 64000 万。

为了避免数字后面产生一长串零，天文学家就使用了更大的长度单位。例如，在测量太阳系的距离时，就把太阳离地球的平均距离当做单位（149500000 千米）。这就是所谓的"天文单位"。使用这个单位，木星和太阳的距离为 5.2，土星距离太阳 9.54，水星距离太阳 0.387。

但是要测量我们的太阳和别的恒星之间的距离，这种尺度还是太小。比如说，离我们最近的一颗恒星（半人马座中的比邻星[①]，是一颗微红的 11 等星），用这个单位表示出来是 260000。

这还是最近的一颗恒星，其他恒星都相隔遥远得很。采用其他更大的单位，就大大简化了这些数字的记法和称谓。天文学中采用的大单位有"光年"，还有比光年更大的"秒差距"。

光年就是光线在太空中一年里所经过的路程。这个单位有多大呢？我们只要想象一下，光从太阳到地球只需要 8 分钟就行了！一光年的长度跟地球轨道半径的比例，等于一年跟 8 分钟的比例相等。用千米来表示的话，一光年就等于 9460000000000 千米，也就是说，一光年大约是 95000 亿千米。

天文学家更喜欢使用的星际距离单位是秒差距。秒差距的距离就是：倘若站在这个距离来看地球轨道的半径，其视角是 1 秒。从星球上看地球轨道半径的视角，天文学家称之为这颗星的"周年视差"。把"秒"和"视差"连在一起，就形成了"秒差距"这个词。人马座 α 星附近的比邻星的视差是 0.76 秒，距离跟视差成反比，所以这颗最近的恒星的距离是 $\frac{1}{0.76}$ 或 1.31 秒差距。根据几何学知道，1 秒差距等于 206265 个天文单位（地球到太阳的距离）。秒差距和其他长度单位的关系是：1 秒差距 =3.26 光年 = 30800000000000 千米。

---

① 这颗星跟半人马座 α 并列在一起。

以下是用秒差距和光年来表示的几颗明亮的恒星的距离：

半人马座 α 星：1.31 秒差距，4.3 光年

天狼星：2.67 秒差距，8.7 光年

南河三：3.39 秒差距，10.4 光年

河鼓二：4.67 秒差距，15.2 光年

这些都是离我们相对较近的恒星。它们距离我们到底有多近，我们只需要把第一列的各个数字乘以 30，然后加上 12 个零，再以千米作单位就可以了。但是光年和秒差距还不是测量恒星距离的最大单位。如果天文学家需要测量恒星系统的距离和大小的时候，也就是说，如果需要测量几千万颗恒星构成的宇宙的时候，就需要使用更大的尺度单位了。就如同千米是由米导出的一样，这个单位是用"秒差距"导出的，即所谓的"千秒差距"，它等于 1000 秒差距或者 30800 万万万千米。用这个单位来测量银河系的直径是 30，从地球到仙女座星云的距离约为 205。

但是很多时候千秒差距还是显得不够大，必须要使用"百万秒差距"。

这样一来，我们可以得到一张星际长度单位表：

1 百万秒差距 =1000000 秒差距

1 千秒差距 =1000 秒差距

1 秒差距 =206265 天文单位

1 天文单位 =149500000 千米

简直无法想象百万秒差距究竟有多大。即便我们把 1000 米缩小成头发般大小（0.05 毫米），百万秒差距的长度也在人类的想象能力之外，相当于 15000 万万千米——这是地球跟太阳距离的 10000 倍。

我们在此使用一个比喻，以此来帮助读者理解百万秒差距。一条从莫斯科到圣彼得堡的蛛丝重 10 克，一条从地球到月球的蛛丝重 8 千克。倘若有一条蛛丝可以从地球牵到太阳，就会重 3 吨。但是，如果一条蛛丝有一

个百万秒差距那么长，就会重达 600000000000 吨！

4.18　最近的恒星系统

多年前，人们知道，最近的恒星是一个双星，也就是南天的一等星半人马座 α 星。近年来，关于这个星又多了很多有趣的细节。在半人马座 α 星附近发现了一颗 11 等星，它和上面所说的两个星组成了一个三合星。虽然离另外两颗星的距离大于 2°，但是这第三颗星从物理上来看仍然是半人马座 α 星的一员，因为它们的运动具有一致性：这三颗星都以同样的速度向一个方向运动。这个系统中的第三位成员最有趣的一点是：它距离我们比另外两颗星近，因而应当算作是所有已知恒星中离我们最近的一颗，所以这颗小星又叫做比邻星。它比半人马座 α 星中的 A 星和 B 星离我们近 2400 天文单位。它们的视差是：

半人马座 α 星（A 和 B）：0.755

比邻星：0.762

由于 A、B 两颗星的距离只有 34 天文单位，所以 整个这一组星的形状极为奇怪（图82）。A、B 两星之间的距离较天王星和太阳的距离稍大一些，而比邻星和它们的距离则是 13 "光日"。这三颗星之间的位置在缓慢变动着：A、B 两星绕共同的中心转一周需要 79 年，比邻星却需要 100000 多年。因此我们毫不担心 A、B 两星会在短期内取代它的地位而成为离我们最近的恒星。

半人马座α星

比邻星

图 82　离太阳最近的恒星：半人马座 α 星中的 A 和 B、比邻星。

那么，这个系统中的星星都有些什么物理特征呢？半人马座 α 星中的 A 星的亮度、质量和直径都比太阳稍大些（见图 83），B 星的质量比太阳稍小，直径比太阳大 $\frac{1}{5}$，亮度却是太阳的 $\frac{1}{3}$，因此它的表面温度（4400℃）也比太阳（6000℃）低。

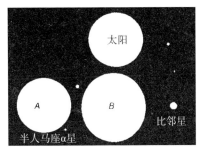

图 83　半人马座 α 星中的三颗星和太阳的大小比较。

比邻星的温度还要低。它的表面温度是 3000℃，是一颗红色的星。它的直径只有太阳直径的 $\frac{1}{14}$。所以就大小而言，它位于木星和土星之间（但是质量却超过它们的几百倍）。如果我们来到半人马座 α 星的 A 星上，我们看见的 B 星就会和天王星天空中的太阳一样大小；比邻星会是一颗很暗的小星星。实际上，它和 A、B 两星的距离是冥王星到太阳距离的 60 倍，是土星和太阳距离的 240 倍，可它的大小只比土星大一些。

半人马座 α 星之外，太阳的最近的邻居是一颗 9.5 等的小星，属于蛇夫座，叫做"飞星"。之所以这样称呼，是因为它自行得非常快。这颗星和我们的距离是半人马座 α 星距离的 1.5 倍，但在北天中却可以算作是离我们最近的恒星。它的运动和太阳的运动成倾斜角，速度非常快，它可以在不到 1 万年的时间内逼近我们两次。在离我们近的时候，它比半人马座 α 星离我们还要近。

4.19　宇宙比例尺

我们现在回到想象中的缩小了的太阳系模型上来，看看假如把恒星世界包括进去的话，那会得到一幅什么样的图景呢？

大家也许都还记得，在这个模型中，我们的太阳是一个直径为 10 厘米的网球，整个太阳系是一个直径 800 米的圆。遵循这样的比例尺的话，恒星应当放在距离太阳多远的地方呢？不难算出，离我们最近的恒星——半人马座的比邻星应当位于离开那个网球（太阳）2600 千米的地方，天狼星在 5400 千米处，河鼓二在 9300 千米处。也就是说，这些所谓最近的恒星，也在这个模型的几千千米之外。对那些更远的恒星，我们采用比千米更大的单位"千千米"。用这个做计量单位的话，地球的圆周是 40，地球到月球的距离是 380。织女星距离我们的模型 22 千千米，大角距离 28 千千米，五车二是 32 千千米，轩辕十四是 62 千千米，天鹅座的天津四超过了 320 千千米。

我们现在把这些数字转换一下。320 千千米 =320000 千米，比地球和月球的距离少不了多少。可见，在这个用别针针头表示地球、用 10 厘米网球代表太阳的微型系统中也不能将这些恒星表示出来，除非将此模型系统扩展到地球之外！

我们的模型还没有完工。银河系中最远的恒星距离模型的距离是 30000 千千米，差不多是地球到月球距离的 100 倍。可我们的银河系还远远不是整个宇宙。银河系之外还有别的银河系，像我们肉眼可见的仙女座星云和麦哲伦云。直径为 4000 千千米的小麦哲伦云和直径为 5500 千千米的大麦哲伦云，应当放在距离银河系模型 70000 千千米的地方。仙女座星云的模型，直径必须达到 60000 千千米，放在离银河系模型 500000 千千米的地方，也就是差不多是木星到地球的距离。

现代天文学研究的最远的天体是一些叫做河外星云的东西，也就是远远超出银河系的那些无数恒星的集合体。它们距太阳有 600000000 光年。读者可以自行计算一下，这样的距离在我们的模型里会有多远。同时，读者对现代天文学上的光学仪器在宇宙中所达到的位置，也许就会有一定的理解了。

第五章　万有引力

5.1 垂直上射的炮弹

从一尊安装在赤道上的大炮里垂直向上发射的炮弹，会落在什么地方呢？这个问题以前在一本杂志里讨论过。那时设想的是一枚理想的炮弹，以每秒 8000 米的初速度发射出去，70 分钟后应当达到 6400 千米（等于地球的半径）的高空。这是杂志里面的话：

"如果炮弹是从赤道上垂直向上发射的，那么它从炮口飞出的时候也应当具有赤道上那一点向东前进的地球自转速度（每秒 465 米）。这枚炮弹就会以这个速度跟赤道平行前进。但是炮弹发射的时候炮台正上方的 6400 千米高的那一点，却是以两倍的速度沿着一个半径两倍的圆周向前移动。所以，它实际上会向东追过炮弹。当炮弹达到最高点的时候，就不会在出发点的正上方，而是在出发点的正上方以西。同样的情形发生在炮弹降落的时候。结果，炮弹在 70 分钟的向上飞以及此后向下落的过程中，就会移动到出发点以西大约 4000 千米的地方，这就是它下落的地方。要是炮弹落在它出发的地方，就不应当使它垂直发射，而是应当略微倾斜，此时的倾斜角度应该为 5°。"

佛兰马理翁完全是用了另外一种解答方法。在《天文学》一书中，他这样写道：

"如果把一枚大炮垂直对着天顶发射出去，那么它一定还会回到炮口，虽然炮弹在上升和下落过程中都跟着地球自西向东运动了。原因很明显：炮弹上升的时候，它从地球运动中所获取的速度不会减少。它所得到的两种推力并不冲突：它一方面可以向上升 1 千米，另一方面又向东前进了 6 千米。它在空间中的运动大致是沿着一个平行四边形的对角线进行的。这四边形的一边是 1 千米，另一边是 6 千米。炮弹下落的时候，在重力的影响下，它沿着另一条对角线运动（准确地说，因为有加速度的影响，是沿着曲线运动）。因此，炮弹就会恰好又落回原来垂直的炮口。

但是要进行这样的实验是相当难的，因为很难找到这制造十分精确的大炮，也很难将它安装得完全垂直。17世纪的吉梅尔森和蒲圻两人曾经做过这样的实验，但他们的炮弹在射出去之后就再也没有找到。瓦里尼昂在他的《引力新论》（1690年）的封面上印了一张图画（图84）。这张图中有两个人——一个僧侣和一个军人。他们站在大炮旁边，抬头往上看，似乎是在观看那枚射出去的炮弹。图上的法文意思是：'它会落回来吗？'这位僧侣就是梅吉尔森，军人就是蒲圻。他们做过好几次这样的实验，但似乎都因为没有瞄得很准，所以炮弹没有落回来。于是，他们就得出结论说，炮弹永远留在空中不会回来了。瓦里尼昂对于这一点表示惊奇道：'炮弹竟会挂在我们的头顶！这太奇怪了！'后来在斯特拉斯堡重新做这个实验的时候，落下的炮弹在距离大炮几百米远的地方了。很明显，这是因为大炮没有真正垂直向上发射的原因。"

图84 垂直上射的炮弹。

我们可以看到，这两种解答方法完全相反。一位作者认为炮弹落在炮弹发射点的西面，另一位觉得炮弹应当刚好落回炮口。那么，究竟谁是谁非呢？

严格来讲，这两种答案都不正确，但佛兰马理翁的答案更接近真理。炮弹应当落在大炮的西面，但不会那么远，也不会刚好落回炮口。

然而这个问题不能用基本的数学来予以解答[①]。这里只能把推算的最后结果列出来。

如果用 v 表示炮弹的初速度，用 ω 表示地球自转的角速度，g 表示重力加速度，那么炮弹落地的地方在炮身以西的距离用 x 表示，可以得到：

在赤道上，　　　　　　$x=\dfrac{4}{3}\,\omega\,\dfrac{v^3}{g^2}$　　　　　（1）

在纬度 φ 上，　　　　$x=\dfrac{4}{3}\,\omega\,\dfrac{v^3}{g^2}\cos\varphi$　　　（2）

用上述算式解答第一位作家提出的问题，可以得到：

$$\omega=\frac{2\pi}{86164}$$

$$v=8000\ \text{米}/\text{秒}$$

$$g=9.8\ \text{米}/\text{秒}^2$$

把数值代入第一个算式，得出 $x=50$ 千米：炮弹落在大炮以西 50 千米处（并不是第一位作者所说的 4000 千米）。

那么佛兰马理翁所说的情况又如何呢？他所讲的情况中，发射炮弹的地方不是赤道而是靠近巴黎，纬度为 48°。所以，这尊炮弹的初速度是每秒 300 米，因此我们可以得到：

$$\omega=\frac{2\pi}{86164}$$

$$v=300\ \text{米}/\text{秒}$$

$$g=9.8\ \text{米}/\text{秒}^2$$

---

① 解答这个问题需要特殊的精密计算，本书不予以详细介绍。

$$\varphi = 48°$$

得出：$x = 1.7$ 米，也就是说，炮弹落在距离炮身 1.7 米处（而不是落在炮口）。当然我们没有把气流加在炮弹上的偏向作用计算在内，其实这种作用对计算结果是有影响的。

5.2　高空中的重量

在上一章节的计算中，我们曾考虑了一种情况，但没来得及向读者解释清楚。这就是离地面越远，物体的重力越小。重力不是别的，正是万有引力的表现，但两个物体之间的吸引力同样是随着它们之间距离的增加而迅速变弱的。根据牛顿定律，引力和距离的平方成反比。注意，这里所说的距离应当从地心算起，因为地球在吸引物体时好像使它的全部质量都集中在地心一般。所以，在 6400 千米的高空，也就是在距离地心两倍地球半径的高空，地球的引力就应当是地球表面的 $\frac{1}{4}$。

就垂直向上发射的炮弹而言，这种情况表现在，炮弹上升的高度必然要比重力不受高度影响的时候大。对于以每秒 8000 米的初速度向上垂直发射的炮弹，我们曾认为它会上升到 6400 千米的高度。但如果我们不把重力随高度而变化这个因素考虑在内，而是用一般的公式来计算的话，那炮弹上升的高度就只有上述数字的一半。我们现在来计算一下。在物理学和力学课本中，对于一个在固定的重力加速度 g 作用下以速度 v 垂直向上运动的物体，它能够上升的高度为 h，公式如下：

$$h = \frac{v^2}{2g}$$

如果 $v = 8000$ 米 / 秒，$g = 9.8$ 米 / 秒 ^{2}，可以得出：

$$h = \frac{8000^2}{2 \times 9.8} = 3，265，000 \text{ 米} = 3265 \text{ 千米}$$

这个数字大约是上面所说的一半。原因在于，利用课本里面的公式的时候，我们没将重力会随着高度减少的情况考虑进去。显然，如果地球对炮弹的引力在减小，那么，速度保持不变的这颗炮弹所上升的高度就会更大一些了。

但我们也不必就急着下结论，认为课本中这个计算物体垂直上升高度的公式是不正确的。它们在可以应用的范围内是正确的。只有计算的人超过了这个范围使用它们的时候，才是不正确的。在高度不大的时候，重力减小的作用很小，可以不计算在内。因此，对于初速度为每秒 300 米的垂直上升的炮弹，重力很少减小，上面这个公式就可以应用。

还有一个有趣的问题：现在航空器所达到的高度范围，重力减小的情况能不能察觉出来呢？物体到了这种高度，重量会不会明显减少呢？ 1936年，飞行员弗拉基米尔·康基纳奇曾携带不同重量的重物飞到高空。一次是携 0.5 吨的重物到 11458 米的高空，另一次是携 1 吨的物体到 12100 米的高空，还有一次携重 2 吨到达 11295 米的高空。问题就出来了：他所携带的这些重物，在上升到该高度的时候，其重量会发生变化么？乍看起来，从地面升到十几千米的高空，重量似乎不会显著减少。因为物体在地面时距离地心的距离也是 6400 千米。从地面上升 12 千米，不过是把这个距离增加到 6412 千米罢了。这么小的距离的变化，重量应当不会有显著的影响的。但实际的计算结果却告诉我们，在这样的情况下重量的减少量是很大的。

我们来计算一下康基纳奇将 2000 千克的重物带到 11295 米高空的情景。一架飞机到达这个高度的时候，它离地心的距离等于起飞前的 $\frac{6411.3}{6400}$ 倍。

此处的引力和地面的引力之比应当是：

$$1 : (\frac{6411.3}{6400}) \text{ 或 } 1 : (1+\frac{11.3}{6400})^2$$

所以，这个重物在这个高度时的重量应当是：

$$2000 \div (1+\frac{11.3}{6400})^2 \text{ 千克。}$$

求出这个算式的结果（最简便的方法是利用近似值算法^①），可以知道，2000 千克的东西上升到 11.3 千米的高度时，就会变得只有 1993 千克重，也就是减少了 7 千克。一个 1 千克重的秤锤，在这个高度，会减少 3.5 克。

我们的平流层飞艇，在达到 22 千米高度的时候，重量减少得更多，每一千克减少了 7 克。

飞行员尤马舍夫在 1936 年的载重飞行中，带着 5000 千克的重物飞到了 8919 米的高空，依照上述算法，可以计算出这个重物会减少 14 千克。

1936 年飞行员阿列克谢耶夫将 1 吨的重物带到 12695 米的高空，飞行员纽赫季科夫将 10 吨重物带到 7032 米的高空，读者可以算出这两次重物各自减少了多少重量。

5.3 使用圆规画行星轨道

天才开普勒从自然界所发掘出来的行星运动三大定律，大家最难理解的是第一条。根据这条定律，行星是按照椭圆形的轨道运行的。为什么是椭圆形轨道呢？既然太阳吸引各个方向的物体的力量是均匀的，而且随着距离的增加这种吸引力减少的程度也是一致的，那么似乎行星就应当沿着太阳作圆形的运动，而不是以太阳为中心的椭圆形运动。本来，使用数学方法就可消除这些疑问，但是天文学爱好者们不一定都精通数学，所以我们现在试着用实验来帮助只能理解初级数学的读者解读开普勒定律。

---

① 此处可以利用近似值算法：

$(1+a)^2=1+2a+a^2\approx1+2a,$

$1\div(1+a)=\dfrac{1(1-a)}{(1+a)(1-a)}=\dfrac{1-a}{1-a^2}\approx1-a$

其中的 a 是一个很小的数值，a^2 更可以忽略不计了，所以

$2000\div(1+\dfrac{11.3}{6400})^2=2000\div(1+\dfrac{11.3}{6400})=2000\times(1-\dfrac{11.3}{3200})-2000-\dfrac{11.3}{1.6}=2000-7$

准备一个圆规、直尺和一张大纸，我们自己来画行星的轨道。这样的话，我们就会从图中看出，这些轨道正是和开普勒定律所说的一样。

行星的运动受万有引力的控制。现在我们来解读万有引力。图 85 中最上面那个大圆圈代表太阳，左边代表行星。假设它们之间的距离是1000000 千米，图中用 5 厘米表示，也就是我们的比例尺是：200000 千米缩小成 1 厘米。

0.5 厘米长的箭头表示的是行星被太阳吸引的力量（图 85）。现在假设行星在这个引力下向地球靠近，到达距离太阳 900000 千米的地方，也就是图中 4.5 厘米的地方。太阳对行星的引力此时增大到原来的 $(\frac{10}{9})^2$ 倍，也就是 1.2 倍。如果将之前的引力作为一个单位，也就是说用 0.5 厘米 的箭头表示一个单位，那么现在的箭头就应当是 1.2 个单位。当距离减少到800000 千米，也就是图中 4 厘米的地方，引力增加到原来的 $(\frac{5}{4})^2$ 倍 =1.6倍，箭头也应当长 1.6 个单位。行星继续接近太阳，在引力依次是 700000千米，600000 千米和 500000 千米的时候，表示引力的箭头依次变成 2 个单位，2.8 个单位和 4 个单位。

可以设想一下，上面的这些箭头不仅表示引力，同时也表示天体在这些引力的作用下在同一时间内完成的位移（跟力的大小成正比）。在接下来的构图中，我们将把这些图作为行星位移的现成的比例尺。

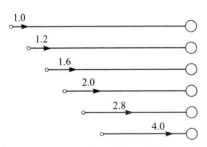

图 85　太阳吸引行星的力量随着距离
的减小而增大。

我们现在来画围绕太阳运转的行星的轨道。假设在某一时刻，质量跟上面所讲的一样的行星以 2 个长度单位的速度往 *WK* 方向运动。现在这颗行星到达了 *K* 点，距离太阳 800000 千米（图 86）。它所受到的引力会使它在某一时间到达离太阳 1.6 单位长度的地方。在这个时间段里，行星要在 WK 上前行 2 个单位。结果，它就会沿 K_1 和 K_2 为边的平行四边形的对角线 KP 运动。这条对角线的长度是 3 个单位（图 86）。

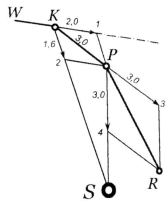

图 86 太阳 S 是如何使行星前进的路线 WKPR 发生弯曲的。

到达 P 点的时候，行星沿着 KP 方向以 3 单位的速度继续前进。但同时在太阳的引力下，它离开太阳的距离为 SP=5.8 单位的时候，它要沿着 SP 方向移动 P4=3 单位。结果，行星移动的距离就是另一平行四边形的对角线 PR。

我们不再往下画了，因为这张图的比例尺太大。显然，比例尺越小，能够画上去的行星轨道就会越大，并且连接各线之间的尖角也不会那么突出，这样的话我们得到的图形就会跟真正的轨道相似。图 87 表示的就是一

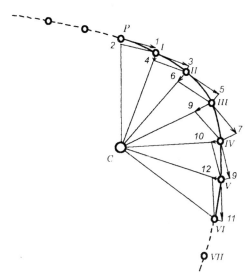

图 87 太阳 C 使行星 P 偏离原来的
直线路径而走成了曲线。

个较小的比例尺，描绘的是太阳和某一个重量跟前述行星差不多的星体之间的关系。可以明显看出，太阳使这颗星偏离了原来的路线，使它沿着曲线 *P* Ⅰ Ⅱ Ⅲ Ⅳ Ⅴ Ⅵ 运动。这里画出来的角不是很尖锐，这样我们就将行星和各个位置之间用一条光滑的曲线连接起来了。

这会是一条什么样的曲线呢？几何学可以帮助我们回答这个问题。拿一张透明的纸铺在图 87 上，从这个行星运行轨道上随意选取 6 点，然后按照任意顺序为每一点编一个号，一次将这六个点连接起来（图 88）。这样，得到的就是一个六边形状的行星轨道，这个轨道的有些边是相交的。现在把直线 1 ～ 2 延长，使直线 4 ～ 5 相交于 Ⅰ 点；同样的方法，使直线 2 ～ 3 和 5 ～ 6 相交于 Ⅱ 点，使直线 3 ～ 4 和直线 1 ～ 6 相交于 Ⅲ 点。如果我们所求的曲线是圆锥曲线中的一种——椭圆形、抛物线或者双曲线——那么Ⅰ 、Ⅱ 、Ⅲ 点就应当在一条直线上，这就是几何学上的"帕斯卡六边形"。

如果我们的图画得很仔细，那么上述各点就会在一条直线上。这表明这条曲线一定是圆锥曲线：椭圆形、抛物线或者双曲线。

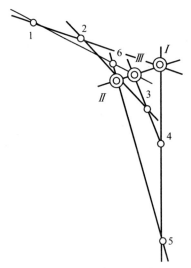

图 88　天体要走圆锥曲线的
几何学证据。

现在我们使用同样的方法解释行星运动的第二条定律——面积定律。仔细观察第 36 页图 21。图中的 12 个点把图形分成 12 段。各段长度不一，但我们知道行星经过各段的时间是一样的。将 1、2、3 等各点和太阳连接起来，如果把相邻各点用弦相连，可以得到 12 个和三角形近似的图形。测出这些三角形的底和高，算出各自的面积，我们会得出，这些三角形的面积都是相同的。换句话说，我们得出了开普勒的第二条定律：

在相等时间内，运动中的行星向量半径所扫过的面积都是相等的。

这样，圆规就帮助我们理解了行星运动的第一和第二定律。要明白第三条定律，需要用笔进行一些数字演算。

5.4　行星向太阳坠落

大家是否想过这样一个问题：如果我们的地球碰到了某种障碍，突然停止了它绕太阳运转的运动，此时会有什么事情发生呢？既然我们的地球是一个运动的物体，那么首先应当想到的就是，它所储存的巨大能量会转变成热，使地球燃烧起来。地球沿轨道运行的速度比枪弹快几十倍。因此不难想象，它的动能转换成热能时，一定会让我们的这个世界在瞬间化成一团炙热的气体云。

即便地球突然停止以后能逃避这一厄运，但它依旧难以逃脱另一次葬身火海的灾难：由于受太阳引力的作用，它会以越来越大的速度奔向太阳，最后葬身在太阳的烈焰中。

在向太阳坠落的过程中，最开始的速度会非常慢。在第一秒钟时间内，地球会向太阳靠近 3 毫米。但是每隔一秒钟，地球的速度就会快速增大，最后一秒的时候达到 600 千米，地球就会以这样难以想象的速度猛烈撞击炙热的太阳表面。

有趣的是，这一过程会维持多久呢？开普勒第三定律可以帮助我们进行计算。这条定律不仅适用于行星的运动，也适用于彗星和其他受万有引力作用的一切天体。这条定律把行星绕日一周的时间（行星的一年）和它离太阳的距离联系在一起。定律是这么说的：

行星轨道半长径的立方，和它们绕日周期的平方之比是一个常量。

我们可以把直接飞向太阳的地球比作一个想象的彗星，它沿着一条极其扁的椭圆形轨道运动；椭圆形的两个端点，一个在地球轨道附近，一个在太阳中心。显然，这个彗星轨道的半长径只有地球轨道半长径的一半。我们来计算这颗彗星运行的周期是多久。

根据开普勒第三定律可得：

$$\frac{(\text{地球绕日周期})^2}{(\text{彗星绕日周期})^2} = \frac{(\text{地球轨道的半长径})^3}{(\text{彗星轨道的半长径})^3}$$

地球绕日周期是 365 天，如果把地球轨道的半长径算作 1，那么根据上面所讲的内容，彗星轨道的半长径应当是 0.5。我们的这个比例式转换为：

$$\frac{365^2}{(\text{彗星绕日周期})^2} = \frac{1}{(0.5)^3}$$

由此可算出

$$(\text{彗星绕日周期})^2 = 365^2 \times \frac{1}{8}$$

结果得到

$$\text{彗星绕日周期} = 365 \times \frac{1}{\sqrt{8}} = \frac{365}{\sqrt{8}}$$

但我们感兴趣的并不是这个想象中的彗星绕日的整个周期，而只是这个周期的一半。也就是说，这个彗星从轨道的这一头飞到那一头（从地球飞到太阳）的时间。因为这才是我们所要寻求的地球落在太阳上所需的时间，计算的结果是：

$$\frac{365}{\sqrt{8}} \div 2 = \frac{365}{2\sqrt{8}} = \frac{365}{\sqrt{32}} = \frac{365}{5.6}$$

这就是说，地球落到太阳上需要的时间，是一年的长度除以 $\sqrt{32}$（即5.6）。结果是 64 天。

这样我们就计算出来了，地球围绕太阳的运动突然停止时，就会在两个多月的时间内坠落到太阳上。

很容易看出，根据开普勒第三条定律所求出的简单公式不仅适用于地球，也适用于其他任何行星，甚至卫星。换句话说，想要知道行星或者卫星需要多少时间才会降落到它们的中心天体上，只要用它们的绕日周期除以 5.6 就可以了。

因此，离太阳最近的、绕日周期是 88 日的水星，会在 15.5 日里落在太阳上；海王星上的一年相当于 165 个地球年，它会在 29.5 年内落在太阳上；冥王星经过 44 年才会掉到太阳上。

那么，如果月亮突然停止运动的话，会在多久的时间内落到地球上呢？月亮的绕日周期是 27.3 日，用这个数除以 5.6，结果差不多是 5 天。不只是月亮，凡是和月球一般远近的星体，如果只是受到地球引力的影响，而没有一点初速度的话，都会在 5 天的时间内落到地球上（为了简单起见，我们没有考虑太阳的影响。）。利用这个公式，我们不难算出凡尔纳《炮弹奔月记》中炮弹飞向月球所需要的时间。

5.5　赫菲斯托斯的铁砧

我们现在利用上述方法解答一个神话里的有趣问题。古希腊神话讲到锻冶之神赫菲斯托斯时说到，这位神有一次让铁砧从天上降落下来，一共落了整整 9 天。按照古代人的想法，这个时间是符合他们对神所居住的天堂很高的想法的；要知道铁砧从金字塔上掉落下来不过只需要 5 分钟而已。

不难算出，古代希腊人所谓的众神居住的庙宇，按照我们现在的理解，实在是太小了。

我们已经知道，月球落到地上需要 5 天，神话中所说的铁砧需要 9 天。由此可见，铁砧所在的天堂比月球的轨道离地面更远。那么究竟有多远呢？用 $\sqrt{32}$ 乘以 9，我们就得到铁砧绕地球一周的时间是 9×5.6=51 日。现在我们运用开普勒第三定律，可以得到：

$$\frac{(月球绕地球周期)^2}{(铁砧绕地球周期)^2} = \frac{(月球的距离)^3}{(铁砧的距离)^3}$$

代入数字，可得：

$$\frac{27.3^2}{51^2} = \frac{380000^3}{(铁砧的距离)^3}$$

由此不难算出铁砧离地球的距离：

$$铁砧的距离 = \sqrt[3]{\frac{51^2 \times 380000^3}{27.3^2}} = 380000\sqrt[3]{\frac{51^2}{27.3^2}}$$

最后得到的结果是：580000 千米。

因此，对现代天文学家来讲，古代希腊人的天地距离实在太短了：这个距离不过是月球距离地球的 1.5 倍。古代希腊人的宇宙边缘，不过是我们宇宙的起点。

5.6 太阳系的边缘

运用开普勒第三定律，我们可以进行如下计算：倘若把彗星轨道最远的一端（远日点）作为太阳系的边界，那么太阳系的边界应当在什么地方？我们前面已经谈到过这一点，现在使用已知公式来进行计算。在第三章里，我们谈到有一颗绕日周期最长的彗星，它绕日一周需要 776 年。它距离太阳最近的时候是 1800000 千米。

我们用地球作比较（地球到太阳的距离是 150000000 千米），可以得到：

$$\frac{776^2}{1^2} = \frac{\left[\dfrac{1}{2}(x+1800000)\right]^3}{150000000^3}$$

由此得出 $x + 1800000 = 2 \times 150000000 \sqrt[3]{776^2}$

求出 $x = 25330000000$ 千米。

我们可以看到，当这颗彗星距离太阳最远时，是地球到太阳距离的 181 倍，这也就意味着，它是我们所知的最远的行星冥王星和太阳之间距离的 4.5 倍。

5.7　凡尔纳小说中的错误

凡尔纳在小说中提到一颗他假想出来的叫做哈利亚的彗星，这颗彗星绕太阳一周的时间是地球上的两年。此外，小说中还说，这颗彗星的远日点离太阳 82000 万千米。小说中没有指出彗星的近日点和太阳之间的距离，但是由上面两个数字，我们可以判断出，这样的彗星在太阳系中是不会存在的。使用开普勒第三定律我们可以进行论证。

假设这颗彗星的近日点到太阳的距离是 x 百万千米，这样它的轨道长径就可以用 $x+820$ 百万千米来表示，半径就是 $(x+820)÷2$ 百万千米。地球到太阳的距离是 150 百万千米。将这个彗星的绕日周期和距离跟地球做比较，可以得到：

$$\frac{2^2}{1^2} = \frac{(x+820)^3}{2^3×150^3}$$

可以算出：$x=-343$

也就是说彗星的近日点和太阳的距离是负数，这和问题中的两个数目不相符合。换句话说，绕日周期为 2 年这么短的彗星，绝不会像凡尔纳小说中说所描述的那样距离太阳那样远。

5.8　怎么称地球的重量?

有人觉得天文学家能发现遥远星星很神奇。其实，他们还有更神奇的本事，能"称出"地球和各遥远天体的质量。那他们使用什么方法来称的呢（图 89）？

我们先来"称"地球。首先应当明白"地球的重量"指的是什么。我

图89　使用什么样的秤可以"称"地球？

们在说到物体的重量时，指的总是这个物体加在支撑它的物体上的压力或者是在弹簧秤上的拉力。无论是压力还是拉力对地球都不适用，因为既没有支撑地球的物体，也不能将它挂在任何东西之上。如此说来，地球就是没有重量的了。那么科学家是如何确定地球的重量的呢？其实，他们计算的是它的质量。

实际上，我们在商店里让店员给我们称1000克白糖的时候，我们感兴趣的不是这份白糖加在秤上的压力或者拉力，我们感兴趣的是另外的东西：这份糖可以冲出多少杯甜茶？换句话说，我们只对糖里物质的分量感兴趣。

衡量物质分量的方法只有一种，那就是找出这个物体被地球所吸引的力量有多大。我们已经知道，同分量的物质一定有相同的质量，而物质的分量是可以从它所受的引力判断出来的，因此，质量和引力成正比。

现在来讲地球的重量。如果知道地球的质量，就可以知道它的重量了。因此，地球的重量问题就转化成计算它的质量问题了。

我们现在来讲述一种计算地球质量的方法（1871年乔里法）。

从图90中可以看出，这是一个十分灵敏的天平，它的横梁两端各有两个轻得几乎没有质量的盘，一上一下。两个盘之间的距离是20～25米。在右边下盘里放一个球形物体，质量是 m_1。为了维持天平的平衡，需要在左边上盘里放一个质量为 m_2 的盘，这两个物体的质量会不等，因为它们的位置高低不一样。如果质量相同的话，它们所受的地球的引力就会不同。如果在右下盘放上一个质量为 M 的大铅球，天平的平衡就会被破坏，因为

m_1 会被铅球 M 以 F 的力量吸引。这个 F 会和这两个质量成正比，并和两者之间的距离 d 的平方成反比：

$$F = k\,\frac{m_1 M}{d^2}$$

式中的 k 是所谓的引力常数。

为了使天平保持平衡，我们在左上盘放上一个很小的重物，质量为 n，这个小重物压在秤盘上的力量和它自身的重量相等，也就是说，和地球的整个质量吸引这个小重物的引力相等，这个力 F' 等于：

$$F' = k\,\frac{n M_e}{R^2}$$

此处的 M_e 是地球的质量，R 是地球的半径。

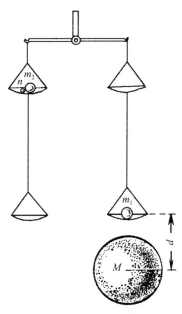

图 90　一种"称"地球的方法：使用乔里天平。

铅球的存在对左上盘的物体只有极其微小的影响，我们可以忽略不计，那么这个算式可以转化为：

$$F = F' \ \text{或}\ \frac{m_1 M}{d^2} = \frac{n M_e}{R^2}$$

这个算式中，除了地球的质量之外，其余的数字都是可以求出来的。所以地球的质量 M_e 也可以求得出来。

有关地球的质量，多次测出的结果是 5.974×10^{27} 克，也就是大约 6×10^{21} 吨。这个数目的误差不会大于 0.1%。

天文学家就是这样求出地球的质量的。我们可以说，他们已经"称"过了地球，因为我们在使用天平称物体的重量的时候，实际上总是测定的质量，而不是重量或者地球的引力，只是我们让物体的质量等于砝码的质量罢了。

5.9 地球的核心是什么？

我们可以再次纠正一下通俗书籍和文章里所常见的错误。那些作者往往为了方便起见，这样来解释"称"：科学家算出每立方厘米地球的平均重量（地球的比重），然后用几何学方法算出地球的体积，用比重乘以体积，就算出了地球的重量。其实这种方法是行不通的：我们不能直接测出地球的比重，因为我们所能探知的不过是地球较薄的外壳①，而地球体积的绝大部分是什么物质构成的，我们是不知道的。

实际上，问题的解决方法刚好相反：在确定地球的平均密度之前，需要先求出它的质量。已知地球的平均密度是每平方厘米 5.5 克，这个数目比地壳的平均密度大很多。这也说明，地球深处有极重的物质存在。根据一些数据我们知道，地球的中心是一些铁元素构成的。

5.10 太阳和月球的重量

奇怪的是，太阳虽然相距遥远，但是它的重量却比离我们较近的月亮更容易求出来（当然，这里的"重量"，是指质量而言）。

我们使用以下论证方法来计算太阳的质量。实验证明，1 克的物体对于相距1厘米的另一个物体的引力等于 $\dfrac{1}{15000000}$ 毫克②。两个质量分别为 M 和 m 的物体，相距 D 时，根据万有引力定理，彼此之间的引力 f 是：

$$f= \frac{1}{15000000} \times \frac{Mm}{D^2}$$

① 地壳上的矿物只探究到 25 千米深。计算的结果告诉我们，在矿物学上所探究到的地球，只有地球全部体积的 $\dfrac{1}{85}$。
② 精确地说，是用达因做单位；1 达因 =0.98 毫克。

如果太阳的质量 M 用克表示，m 是地球的质量，D 是太阳和地球之间的距离，等于 150000000 千米，那么，它们之间的相互引力等于：

$$\frac{1}{15000000} \times \frac{Mm}{15000000000000^2} \text{ 毫克}$$

此外，这个引力就是把地球维持在轨道上的那个向心力。在力学中它等于 $\frac{Mm}{D^2}$，此处的单位是毫克。这里的 m 是地球的质量（克），v 是地球的公转速度，等于 30 千米 / 秒，或者 3000000 厘米 / 秒，D 是地球到太阳的距离。由此可得：

$$\frac{1}{15000000} \times \frac{Mm}{D^2} = m \times \frac{3000000^2}{D}$$

从这个方程式可以求出未知数 M（克）：

$M = 2 \times 10^{33}$ 克 $= 2 \times 10^{27}$ 吨。

用这个数字除以地球的质量：$\frac{2 \times 10^{27}}{6 \times 10^{21}} = 330000$

还有一种运用开普勒第三定律求太阳质量的方法。把这一定律和万有引力原理结合在一起，得到一个公式：

$$\frac{(M_s + m_1)}{(M_s + m_2)} = \frac{T_1^2}{T^2} = \frac{a_1^3}{a_2^3}$$

这里的 M_s 是太阳的质量，T 是行星绕日的恒星周期[①]，a 是行星到太阳的平均距离，m 是行星的质量。将这个法则运用到地球和月亮，可以得到：

$$\frac{M_s + M_e}{(M_e + m_m)} = \frac{T_e^2}{T_m^2} = \frac{a_e^3}{a_m^3}$$

代入各个已知的数据，因为我们要求的是近似值，所以可以把分子中地球的质量略去，因为它和太阳的质量比较起来太小了，分母中的月球质量也可以省去，这样就得到：

$$\frac{M_s}{M_e} = 330000$$

知道了地球的质量，就可以求出太阳的质量了。

---

① 所谓恒星周期，是指在太阳上观测，在恒星的背景上看到的行星绕日一周的时间，跟地球上观测的所谓会合周期不同。——译者注

这样就可以知道太阳的重量是地球的 330000 倍。

太阳的平均密度也很容易能求出来：只需要用太阳的体积去除太阳质量就可以。算出的结果显示，太阳的密度是地球的 $\frac{1}{4}$。

至于月球的质量，就像一位天文学家说的："它的距离虽然比别的天体都近，但是称出它的重量却比称出（当时）最远的海王星还难。"月亮没有卫星。科学家采取了一些更为复杂的方法来求月球的重量。这里介绍一种：将太阳引起的潮汐和月亮引起的潮汐的高度进行比较。

潮汐的高度与引起它的天体质量和距离有关。太阳的质量和距离已知，月球的距离也是知道的，所以比较潮汐的高度就可以帮助我们算出月球的质量。我们稍后讲潮汐的时候会讲到这个问题。再次给出一个最终结论：月球的质量是地球的 $\frac{1}{81}$（图 91）。

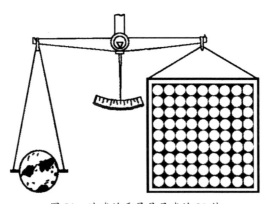

图 91　地球的重量是月球的 81 倍。

既然月球的半径是知道的，那么就可以求出它的体积了。它的体积是地球的 $\frac{1}{49}$。所以，月球的平均密度和地球的平均密度之比是：

$$\frac{49}{81} = 0.6$$

这就是说，月球的物质平均比地球的物质松，但比构成太阳的物质更密。

5.11 行星和恒星的重量与密度

任何一颗行星，只要它有一个卫星，我们就可以用"称"太阳的方法称出它的重量。

知道了这个卫星围绕其行星运行的速度 v 和它与行星之间的平均距离 D，我们就能求出向心力（使得这个卫星不跑出轨道的力）$\dfrac{mv^2}{D}$，以及这个行星和卫星之间的相互引力 $\dfrac{kmM}{D_2}$，它们之间可以画等号。此处的 k 是 1 克物体对于 1 厘米处的另一个 1 克的物体的引力，m 是卫星的质量，M 是行星的质量：

$$\frac{mv^2}{D} = \frac{kmM}{D_2}$$

由此可以得出：

$$M = \frac{Dv^2}{k}$$

用这个公式，就可以算出行星的质量 M 了。

此处也可以使用开普勒第三定律：

$$\frac{(M_s + M_{行星})}{M_{行星} + m_{卫星}} \times \frac{T_{行星}^2}{T_{卫星}^2} = \frac{a_{行星}^3}{a_{卫星}^3}$$

这个公式中括弧里面的可以略去，这样可以得出太阳的质量和行星的质量比例（$\dfrac{M_s}{M_{行星}}$）。太阳的质量已知，所以很容易就可以算出行星的质量了。

这样的方法也可以运用到双星上，唯一的不同在于这样求出的结果，不是这个双星里各星的质量，而是它们的质量之和。

要求行星的卫星的质量或者一个卫星也没有的行星质量，要困难很多。

例如，水星和金星的质量，只能根据它们彼此间的干扰作用、它们对地球的干扰和它们对某些彗星的联动所产生的干扰作用来进行计算。

小行星的质量非常小，因此彼此之间不会有任何干扰作用，因而小行星的质量也是难以计算的。我们只猜测出全部这些小行星总质量的最高限，并且也不一定正确。

知道了行星的质量和体积，可以算出它们的平均密度：

地球的密度 =1

水 星	1.00	木 星	0.24
金 星	0.92	土 星	0.13
地 球	1.00	天王星	0.23
火 星	0.74	海王星	0.22

由此可以看出，地球在太阳系中的密度居首。那些大行星的平均密度之所以比较小，是因为大行星坚硬的核外有厚厚的大气包围着。这种大气的质量很小，但却使行星的体积看上去很大。

5.12　月球上和行星上的重力

对天文学没有多大了解的人，当听说科学家在没有亲身到过月球和行星的情况下却又有把握地说出这些天体表面的重力时通常都会表示出惊奇。实际上，一个生物到了另一个天体之后的重量是多少，是比较容易算得出来的。只需要知道这个天体的半径和质量就可以了。

例如我们来计算月球上的重力吧。我们知道月球的质量是地球质量的 $\frac{1}{81}$。如果地球的质量有这么小，那么地面上的重力就会是现在的 $\frac{1}{81}$。根据牛顿定律，球形物体的引力，它的质量就好像是集中在球心一般。地球中心离地面的距离是地球的半径，月球中心离月面的距离为月球的半径。月球的半径是地球半径的 $\frac{27}{100}$，所以月球的引力应当是地球引力的 $\left(\frac{27}{100}\right)^2$ 倍。综合这两个因素，月面上的引力就应当等于地球引力的

$$\frac{100^2}{27^2 \times 81} \approx \frac{1}{6}$$

因此，地球上重 1000 克的物体，在月球上只会有 $\frac{1}{6}$ 千克。但是减少的重量只能在弹簧秤上测出来，而不能在天平上发现。

有趣的是，如果月球上有水的话，游泳的人在月球表面水里的感觉会和他在地球表面水里的感觉一样。它的体重减少到 $\frac{1}{6}$，但是他排开的水也减轻到 $\frac{1}{6}$。二者之比仍然和地球上的比一样。因此，游泳的人在月球上入水的深度和他在地球上的情况也是一样的。

但是这个人在月球上却更容易把自己的身体升到水面来，因为他的体重减轻了，所以只需要很小的肌肉的作用力就可走出水面。

以下是各大行星上的重力和地球上重力的比较：

水星上：0.26   金星上：0.90

地球上：1.00   火星上：0.37

土星上：1.13   天王星上：0.84

海王星上 1.14   木星上：2.64

从表中可以看出，地球上的重力在木星、海王星和土星之后，排第四位（图92）。

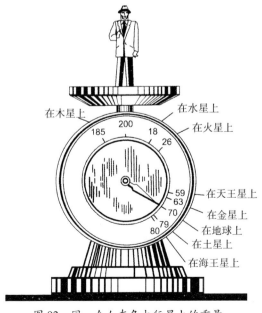

图92 同一个人在各大行星上的重量。

5.13　最大的重力

第四章里，我们谈到白矮星型的天狼 B 星表面的重力极大。这很容易理解，因为这类天体的质量很大，半径很小，所以表面的重力作用非常明显。现在我们计算一下仙后座里的一颗白矮星。这颗星的质量是太阳的 2.8 倍，其半径是地球的一半。我们知道，太阳的质量是地球的 330000 倍。由此可知，这颗恒星表面的重力是地球表面重力的：

$$2.8 \times 330000 \times 2^2 = 3700000 \text{ 倍}$$

1 立方厘米水在地面上重 1 克，拿到这颗星上就几乎是 3.7 吨！构成这颗恒星的物质的密度，是水的密度的 36000000 倍。所以 1 立方厘米的这种物质，在这个神奇的世界里的质量会重得吓人：

$$3700000 \times 36000000 = 133200000000000 \text{ 克}$$

手指大小的一点物质的重量，竟然是一亿多吨！这样的奇事，以前最大胆的幻想家也绝对想不到。

5.14　行星深处的重力

如果把物体放到行星内部深处，譬如一个幻想的深井底部，这个物体的重量会发生什么样的改变呢？

很多人认为，这样的话，物体会变得更重，因为它距离行星的位置更近了。但这种想法是不对的。行星中心的引力不是深度越大越强，相反，是越深越弱。我们在此只简要叙述。

力学证明，如果把一个物体放在一个均匀的空心球里面，这个物体不受到任何引力（图 93）。由此可推知，一个均匀实心球内部的物体所受到的引力，只来自于以这个物体距离实心球中心的距离作半径的球形中的物质（图94）。

这样，我们就不难推算出了物体重量是随着离行星中心的远近而改变的规律。我们用 R 表示行星半径，r 表示物体和行星中心的距离（图95）。物体在这一点所受的引力，一方面应当增加到原来的 $(\frac{R}{r})^2$ 倍（因为距离缩短了），另一方面又应当减少到原来的 $\dfrac{1}{(\frac{R}{r})^3}$（因为行星中发挥引力作用的部分减少了）。这样，引力应当减少：$(\frac{R}{r})^3 \div (\frac{R}{r})^2 = \dfrac{1}{\frac{R}{r}}$。

这也就是说，物体在行星内部深处的重量与它在行星表面的重量之比等于它离行星中心的距离与地球半径之比。对一个如地球般大小、半径为6400千米的行星而言，在它内部深处3200千米处其重量会减少到原来的一半；当位于它深处5600千米的时候，重量会减少到原来的 $\frac{1}{8}$。

在行星中心，物体的重量就会全部失去了，因为：

$$（6400-6400）\div 6400 = 0。$$

其实不通过计算也可以明白这一点。因为，当物体位于星体内部时，它所受到的来自各方面的引力是一样的（互相抵消了）。

然而，上面的推理只适用于密度均匀的理想行星。它还需要加以修正

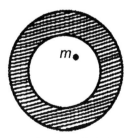 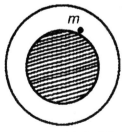 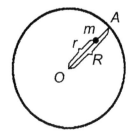

图93　空心球内部
的物体不受空心球
引力作用。

图94　行星内部的物
体的重量，只跟斜线
部分的物质有关。

图95　物体的重量随
着距离行星中心的远
近而发生变化。

才能适用于实际的行星。比如说，地球深处的密度比近地面大，所以引力随着距离中心的远近而变动的规律会和刚才所讲的有所不同。它的引力在距离地面不是很深的部分时是随着深度增加而增加的，只有继续深入的时候它才开始减少。

5.15　有关轮船的问题

【题】一条轮船是在月夜较轻，还是在无月的夜晚较轻？

【解】这个问题要想象得复杂些才行。我们不能急于得出结论说，月夜里的轮船或者说在月光照射下的半个地球上的所有物体，应该都比无月的夜晚更轻，因为"有月亮在吸引着它们"。要知道月亮在吸引轮船的同时，也吸引着地球。在真空中，所有的物体都以相同的速度运动。地球和轮船从月球的引力中得到的加速度是一样的。因此，轮船重量的减轻是觉察不出来的。但事实上，月夜的轮船确实要比无月的夜晚要轻，这是为什么呢？

我们现在来解释一下为什么。假设图96中的O是地球中心，A和B是位于地球两端的轮船，r是地球半径，D是月球中心L到地心O的距离。M是月亮的质量，m是轮船的质量。为简便计算，假设A和B跟月球位于同一条直线，亦即月球在A的天顶，在B的天底。月球吸引位于A点的轮船的力（也就是轮船在月夜里所受到的月球的引力）等于：

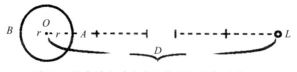

图96　月球引力对地球上各微粒所起的作用。

$$\frac{kMm}{(D-r)^2}$$

这里的 $k=\dfrac{1}{15000000}$ 毫克。

B 点的轮船受到的月球的引力，也就是说轮船在没有月亮的晚上所受到的引力，等于：

$$\frac{kMm}{(D+r)^2}$$

这两个引力的差等于：

$$kMm\times\frac{4r}{D^3\left[1-\left(\dfrac{r}{D}\right)^2\right]^2}$$

由于 $\left(\dfrac{r}{D}\right)^2=\left(\dfrac{1}{60}\right)^2$ 是一个很小的数值，所以我们略去不计。因而上式可以简化成：

$$kMm\times\frac{4r}{D^3}$$

这个式子可以变形为：

$$\frac{kMm}{D^2}\times\frac{4r}{D}=\frac{kMm}{D^2}\times\frac{1}{15}$$

那么 $\dfrac{kMm}{D^2}$ 指的是什么呢？不难猜出，这就是当轮船和地球中心的距离是 D 的时候，月球对轮船的引力。我们再来看，质量原来是 m 的轮船在月面上的重力是 $\dfrac{m}{6}$。所以，当距离地球为 D 的时候，轮船的重量是 $\dfrac{m}{6D^2}$。

因为 $D=220$ 个月球半径，所以

$$\frac{kMm}{D^2}=\frac{m}{6\times220^2}\approx\frac{m}{300000}$$

现在我们来计算引力差：

$$\frac{kMm}{D^2}\times\frac{1}{15}\approx\frac{m}{300000}\times\frac{1}{15}=\frac{m}{4500000}$$

如果轮船重 45000 吨，那么它在月夜和非月夜的重量之差是：

$$\frac{45000000}{4500000}=10\text{ 千克。}$$

由此可见，月夜里的轮船比没有月亮的夜晚的轮船要轻，但是它们的重量之差是很小的。

5.16 月球和太阳所引起的潮汐

刚才研究的问题可以帮助我们阐释潮汐涨落的原因。但不要认为，潮汐就纯粹是由太阳或者月亮直接吸引地面上的水而引起的。我们已经说过，月球不但可以吸引地面上的物体，还在吸引整个地球。然而，月球引力中心距离地球中心的距离，总是比地球朝向月球那一面上的水的距离更远。使用刚才的方法，可以求出此处的引力差。在正对着月球的那一点，每 1000 克水所受的月球的引力比地心每 1000 克物质所受到的月球的引力强 $\dfrac{2kMr}{D^2}$ 倍；而背向月球的地球上的水，受到的引力却要弱 $\dfrac{1}{\dfrac{2kMr}{D^2}}$ 倍。

由于存在这样一个差距，因而这两个地方的水都要离开地球的表面：前者是因为水向月球移动的距离比地球的固体部分向月球移动的距离大；后者是因为地球的固体部分向月球移动的距离比水向月球移动的距离大[①]。

太阳的引力对大洋的水也起着同样的作用。那么，太阳和月亮，哪一个的作用力更大呢？如果我们比较二者的绝对引力，肯定是太阳的作用力大。事实上，太阳的质量是地球质量的 330000 倍，月球的质量又只有地球的 $\dfrac{1}{81}$。太阳的质量是月球质量的 330000×81 倍。因此，从太阳到地球的距离相当于 23400 个地球半径，月球到地球的距离是 60 个地球半径。所以，地球受到的太阳引力和它受到的来自月球的引力之比是：

$$\frac{330000\times81}{23400^2} \div \frac{1}{60^2} \approx 170$$

这样就可以知道，太阳对于地球上的所有物体的引力，是月球引力的 170 倍。也许我们就会因此认为，太阳所引起的潮，会比月亮引起的高。

---

① 这里说的只是潮汐涨落的基本原因；总的来说，这是个很复杂的现象，因为还有其他因素在起作用。

事实却刚好相反：月潮比日潮更大。如果我们用 M_s 表示太阳的质量，用 M_m 表示月亮质量，D_s 是地球到太阳的距离，D_m 是地球到月球的距离。那么，太阳和月球之间的引潮力之比等于：

$$\frac{2kM\cdot r}{D_s^3} \div \frac{2km\cdot r}{D_m^3} = \frac{M_s}{M_m} \times \frac{D_m^3}{D_s^3}$$

已知，太阳的质量是月球的 330000×81 倍，太阳又比月球远 400 倍，所以

$$\frac{M_s}{M_m} \times \frac{D_m^3}{D_s^3} = 330000 \times 81 \times \frac{1}{400^3} = 0.42$$

由此可得，太阳引起的潮水是月亮引起的潮水的 $\frac{2}{5}$。

在此顺便指出，怎样通过比较月潮和日潮的高度来推算月球的质量。

分别观察日潮和月潮是不可能的，因为太阳和月亮总是一同在起作用。但是我们可以在两个天体所产生的作用增长的时候测量潮水的高度（太阳和月球以及地球在同一直线上的时候），在它们的作用互相抵消的时候测量潮水的高度（连接太阳和地球的那条直线恰好和连接地球与月亮的直线垂直的时候）。结果显示，第二种潮在高度上是第一种的 0.42。如果我们用 x 代表月球的引潮力，y 表示太阳的引潮力，那么：

$$\frac{x+y}{x-y} = \frac{100}{42}$$

可得

$$\frac{x}{y} = \frac{71}{29}$$

利用前面的式子，可得

$$\frac{M_s}{M_m} \times \frac{D_m^3}{D_s^3} = \frac{29}{71}$$

或者

$$\frac{M_s}{M_m} \times \frac{D_m^3}{D_s^3} = \frac{29}{71}$$

太阳的质量 $M_s=330000M_e$，这里的 M_e 是地球的质量。

从上面的方程式，可以得到：

$$\frac{M_e}{M_m} = 80$$

也就是说，月球的质量是地球的 $\frac{1}{80}$。更精确的计算显示，月球的质量是地球质量的 0.0123。

5.17 月球和气候

许多人都对这样一个问题感兴趣：月球对地球大气中所产生的潮汐，对大气的压力会产生什么样的影响？地球大气里的潮汐是俄国伟大的科学家罗蒙诺索夫发现的，他把这种潮汐取名为"空气波"。研究这个问题的人很多，但有关空气潮汐的作用却依旧有很多错误的看法。非内行的人通常认为，月球会在地球上易流动的大气中引起很大的浪潮。他们据此就认为这种浪潮可以大大改变大气的压力，并且对气象也有决定性的作用。

这种观点完全是错误的。理论证明，大气潮汐的高度不会超过大洋上水的潮汐的高度。这听起来很奇怪，因为即便是底层空气的最大密度，也只有水的密度的 $\frac{1}{1000}$。那为什么月球的引力不会把空气吸引到 1000 倍高的地方呢？这个问题，就如同轻重不同的物体在真空中降落的速度相同一样，让人觉得很奇怪。

我们回想一下中学时候做的一个实验。把一个小铅球和一根羽毛同时放在一个真空玻璃管中。铅球并不比羽毛坠落得更快。潮汐现象，归根到底不过是地球和地面的水在月亮或者太阳的引力作用下向宇宙空间坠落而已。如果宇宙空间是真空，那么一切物体，不论轻重，只要它们距离引力中心的远近一样，就都会以同样的速度坠落，并且在万有引力的作用下，它们移动的位置也一样。

这样我们就应当明白，大气中潮汐的高度应当和远离海岸的大洋上的潮汐的高度相同。实际上，如果我们再来看看计算潮水高度的公式，可以看出公式中只有月球和地球的质量、地球的半径以及月球跟地球的距离，而没有液体的密度和空气的密度。所以，当我们用空气来代替水的时候，结果是不会发生变化的。但是海洋中的潮汐高度是很小的，在广阔的海洋上，理论上最高的潮汐不超过 0.5 米。靠近岸边的地方，因为潮水受到地形阻力的影响，潮头会在有的地方达到 10 米以上。

在无边无际的空气海洋里，没有任何东西能够影响月潮的理论结果并改变它的理论高度（0.5 米）。所以，它对空气压力所施加的影响，也就是很小的了。

拉普拉斯当年在研究空气潮汐理论以后，认为由潮汐所引起的大气压力的变化不会超过 0.6 毫米汞柱，而空气潮汐所引起的风速也不会大于每秒钟 7.5 厘米。

显然，空气潮汐是绝不会在各种影响天气的因素里产生重要作用的。

这一推论，就使得许多"月亮预言家"根据月亮在天上的位置所做的天气预报，似乎变得毫无根据了。